超越

Maslow

走向全然的自我实现

人性

TRANSPERSONAL PSYCHOLOGY

[美] 亚伯拉罕·马斯洛 —— 著

包维维 —— 编译

台海出版社

图书在版编目（CIP）数据

超越人性：走向全然的自我实现 /（美）亚伯拉罕·马斯洛著；包维维编译. -- 北京：台海出版社，2023.9

ISBN 978-7-5168-3622-4

Ⅰ.①超… Ⅱ.①亚… ②包… Ⅲ.①人本心理学—文集 Ⅳ.① B84-067

中国国家版本馆 CIP 数据核字（2023）第 152100 号

超越人性：走向全然的自我实现

著　　者：（美）亚伯拉罕·马斯洛　　　编　　译：包维维

出 版 人：蔡　旭　　　　　　　　　　封面设计：仙　境
责任编辑：赵旭雯

出版发行：台海出版社
地　　址：北京市东城区景山东街 20 号　　邮政编码：100009
电　　话：010-64041652（发行，邮购）
传　　真：010-84045799（总编室）
网　　址：www.taimeng.org.cn/thcbs/default.htm
E - m a i l：thcbs@126.com

经　　销：全国各地新华书店
印　　刷：三河市嘉科万达彩色印刷有限公司
本书如有破损、缺页、装订错误，请与本社联系调换

开　　本：880 毫米 × 1230 毫米　　　1/32
字　　数：140 千字　　　　　　　　印　　张：7.5
版　　次：2023 年 9 月第 1 版　　　　印　　次：2023 年 9 月第 1 次印刷
书　　号：ISBN 978-7-5168-3622-4

定　　价：59.80 元

译者前言

PREFACE

　　本书所书写的人性，包含两方面内容：一是人与其他动物共有的那部分心理属性，二是人区别于其他动物的那部分心理属性。简言之，就是为什么我们是人，而不是其他动物。

　　关于人性，马斯洛的观点主要有以下五个方面：

　　一、关于身心关系。马斯洛认为，从生理需求到心理需求是一种连续的发展过程，在此过程中，我们应该努力保持身心和谐。

　　二、关于"人性本善"还是"人性本恶"。马斯洛认为人性本善，并认为人性中的善是支持一个人毕生发展的动力。

　　三、关于"一个人的行为是由什么决定的"。马斯洛既

I

不赞同物质决定论，也不赞同精神决定论，而是认为，一个人的行为只由自己的需求和意志决定。

四、关于知识的来源。马斯洛认为，先天的理性、后天的经验、个人的直觉，都是知识的来源。其中，个人的直觉是获取所有知识的基础。

五、关于"人性究竟能发展到什么程度"。马斯洛认为，也许我们低估了人性，人性其实具有无限的发展潜力，我们只要充分发掘自身潜力，就能过上理想中的美好生活。

总的来看，马斯洛对人性的认识是乐观、积极的。他将人性从低到高分为四个层次，依次为：物性、动物性、人性、超人性。每个人都有机会不断提高自己，达到更高的境界，实现尽可能完满的人生。

本书内容，是从马斯洛大量著作中选译、编辑而成。如有不够精准之处，还望读者不吝指正。

目录

I

01 | 需求，是人性的根本问题

生理需求

　　在人的所有需求当中，生理需求是最首要的，这一点毋庸置疑。如果一个人对什么东西都极度渴求，那么他的主要动机多半源自生理需求，而非其他需求。一个没衣服穿、没东西吃、没人爱、没有任何尊严的人，他极度渴望得到的多半是吃的，而不是别的。

　　所有生理需求之间的关系，仅仅是相对独立，而不是完全独立的。比如有时候，一个人觉得很饿，他需要的其实未必是维生素或蛋白质，而是舒服或依赖的感觉。反过来说，当一个人饿了的时候，他可能会选择喝水或吸烟，以使自己饥饿的需求得到部分满足。

　　如果所有需求都没有得到满足，那么生理需求就会成为有机体的核心需求。这时候，别的需求全都不见了，或者沦为陪衬了。由于意识都被饥饿感填满了，因此我们可以顺理成章地说，这时候，有机体最明显的特征就是饿。满足饥饿感，是身体各项机能当前的首要目标。想作诗、想得到一辆车、想研究美国历史、想拥有一双新鞋，这些欲望在极端状况下几乎不值一提。一个特别饿，甚至快要饿死了的人，他唯一想要的就是食物，除此之外，他不会被任何东西吸引。他的梦、他的回忆、他的需求、他的感情，都会与食物产生联系。

当某种需求成为一个人的核心需求时，这个人会显现出另一个特征——他对未来的所有看法都会受到这种需求的影响。在一个长期处于严重饥饿的人眼中，所谓的天堂，也许就只是一个食物充足的地方。如果能让他以后不再受挨饿之苦，那么他就会有这样一种思想倾向，认为那就是最快乐的日子了，除此之外，他别无所求，别的任何东西都没那么重要了。自由、爱、归属感、尊重、价值观，这些东西不能让他吃饱，所以这些没用的奢侈品都会被他搁在一边，不予理会。可以说，这个人当前活着的唯一目的，就是得到面包。

通过观察，长期处于严重饥饿或口渴状态的人，我们可以发现他隐藏起来的更高级的动机，也可以了解一个人的身体机能和本性，但这种发现和了解是不够全面的。如果有人把这种极端情况当成范例，只在这种极度生理剥夺的情况下去研究一个人行为的目的和需求，那么他们一定会忽略很多事情。没错，一个人可以把得到面包当成他活着的唯一目标，但这只适用于他缺面包的情况。然而，当一个人长期处于能吃饱的状态时，他的需求又是怎样的呢？这时候，人会产生更高级的需求。在有机体中，这些不属于生理饥饿的需求会处于核心地位。当这些需求也得到满足后，人就会产生比之前更高级的新需求。接下来的发展规律也是如此。这就是所谓的"需求层次"，需求是分层次的，而且在同一个层次中的不同需求，也有不同的优先级。

以上这段话还有另一层意思，即"满足"和"剥夺"这两个概念，它们在动力理论中具有同等的重要地位。得到满足后，那些侧重于生理性的需求，将不再是有机体动机的主要操控者，这样一来，有机体才会产生侧重于社会性的需求。如果某些生理需求得到了长期的满足，那么这些得到了满足的需求，将不再能够主导或决定某种行为。只有遇到障碍时，它们才会再出来，成为有机体行为的主导者。然而，得到满足的需求，已经不能算是需求了。只有没得到满足的需求，才能成为有机体行为的主导者。如果饥饿被满足了，那么在当前的动机中，它就没那么重要了。

安全需求

当生理需求得到满足时，人就会产生比之前更高级的新需求。我们把这类新需求概括地称为安全需求，它包括安全、稳定、独立、受保护，没有恐惧、焦虑、混乱的困扰，渴望结构、秩序、法律、有界限等。

那些生理需求所遵循的规律，对于安全需求也全都适用，只不过在程度上，安全需求要比生理需求稍弱一些。事实上，安全和受保护远胜于一切，甚至某些时候，在安全需求面前，正在得到满足的生理需求都没那么重要了。长期处于这种极端状况下的人，可以只为安全活着。

总的来说，普通的大人和孩子都渴望生活在一种安全、有秩序、讲法律、可预计、有组织机构的环境当中。只不过跟孩子相比，大人的这种渴望没那么明显。在上述环境中，不会发生难以预料的、棘手的、混乱的、危险的事情。在社会稳定、没有灾害侵袭的情况下，人们的安全感一般是比较充足的。站在特别实际的角度上来说，人在这种情况下不会感到饿，健康的人也不会感到有威胁。只有把目光转移到患神经症或类神经症的人身上，转移到陷入贫困或战乱的人身上，我们才能对安全需求有直观的感受。抛开那些极端情况，我们所能看到的安全需求，往往只体现在以下这些方面，比如，想得到一份安稳的、有保障的工作，想攒点钱，想买一些医疗、失业、养老之类的保险等。

在寻求安全和稳定的过程中，我们大多更愿意选择那些已知或熟悉的事物，而不是选择未知或陌生的事物。我们也会通过某种信仰或哲学，把宇宙和人纳入一个和谐而有意义的整体之中。在这种行为倾向中，也有受安全需求驱动的成分。如果不这样做的话，那我们就只能在特别极端的情境中才能看到安全需求成为有机体的主要驱动力。所谓特别极端的情境，指的是战争、灾害、犯罪此起彼伏，社会分崩离析，威信荡然无存，患有神经症、脑损伤等情境。

虽然在寻求安全感的时候，部分患神经症的成年人会有一些特殊的表现，但在很多方面，他们也与不安的孩子有相似之处。通常情况下，他们会对某种未知的、心理上的危险有反应，在他们的感知中，这种危险是仇视、压迫、恐吓。他们看起来总是一副如临大敌的样子。他们寻求安全感的方式往往比较特殊，比如想找个能保护自己的人，想找个能让自己产生依赖感的陌生人——这个陌生人可能是某位领袖。

在寻求安全感的过程中，有一种神经症的模式表现得最为突出，它就是强迫性神经症。为了让整个世界保持有秩序、稳定的状态，杜绝所有棘手的、不在预料之中的、陌生的危险，有强迫症的人会采取一些疯狂的做法。一旦出了点儿问题，或者发生了不在预料之中的事情，他们就惊慌失措，好像遇到了什么重大的危机。健康的人就不会有这些强烈的反应。

如果法律、秩序、权威这些东西真的受到了威胁，那么在社会情境中，安全需求就会变得异常紧迫。这时候，更高级的需求就会出现退行，回到相对低级的安全需求，因为相对来说，安全需求才是当前最为紧迫的需求。在这时候，让人们接受军阀当政，或者接受独裁统治，就没有那么困难了。这是一个比较常见，也是差不多可以预测出来的情况。在危险状况面前，人们更愿意选择一种比较实际的方式来确保自己免受伤害，这种方式就是退行到安全需求。任何人都会这么做，健康的人也不例外。但是，最有可能出现退行的，是那些陷入苦恼、正在安全线上挣扎的人，他们的苦恼来自法律或权威的威胁。

爱和归属感

当生理需求和安全需求都得到相对的满足时，下一个需求是对爱和归属感的需求，而这种需求也就成了一个新循环的核心。这时候，人会渴望拥有朋友、爱人、子女，这种渴望比以往任何时候都强烈。他迫切地想要与他人之间建立情感联系，想要成为一个集体或者家庭中的成员，为了达到这个目的，他全力以赴。在他眼中，那一席之位要比其他任何东西都重要。他甚至不记得自己以前挨饿时，曾认为爱是不值一提的、虚无缥缈的。此时的他，只觉得无比孤独，像是被人抛弃或拒绝了，一个朋友都没有，到处流浪。

在小说、自传、诗歌、戏剧等文艺作品中，都有归属感的主题，但在科学论述中，却极少能见到这个主题。我们通过这些文艺作品能大概了解到，对于孩子的成长来说，什么是毁灭性的灾难，它们是经常搬家，居无定所，工业发展导致的流动性过大，藐视家乡和族群，远离家乡，远离朋友，远离邻居，经常是过客，经常是外来者而不是本地人，等等。邻里关系、土地、宗族、种类、阶级、门派、家庭的一分子，这些东西的重要性被我们低估了。

在这里，我想给大家推荐一本书，它就是《地域法则》（*The Territorial Imperative*），作者是罗伯特·阿特里（Robert Ardrey）。对于我们上面所说的各种问题，这本书都有深刻且犀利的见解。除此之外，这本书还能帮我们理解一些人性底层的、动物性的行为倾向，比如少数服从多数、聚集、参与、归属。这本书的重心是一些我曾经随口一提的问题，而且因为这本书，我不得不严肃地审视这些问题。所以，虽然它有不严谨的地方，但我还是认为它不错。也许对于读者来说，这本书也能起到相同的作用。在这本书中，像T小组那样的成长小组或意向性社群，它们的数量呈现激增的态势，在我看来，这其中的一部分原因可能是，人们对交往、亲密、归属的需求没有得到满足。此外，人们还有一些需求，就是不想当异类，不想孤独，不想与他人疏远。可是，因为很多现实问题，这种感受反而加深了。这里所说的现实问题，包括人的流动性增强、传统族群的溃散、家庭成员的分离、不同辈的亲人之间的代沟、稳固的城市化、人际交往更密切的农村的消亡、像有些国家的人之间的那种流于表面的情谊等。

我有这样一种强烈的感觉，那些叛逆的年轻人——这种年轻人的数量有多少、叛逆的程度如何，我不清楚，他们的驱动力源自一种内心深处的需求。这种需求就是，他们想成为集体中的一员，想与人交往，想与他人在真正意义上实现团结，共御外敌。把任何人或事物推到外面去，并使其站在有威胁的立场上，这就能促成一个联系紧密的集体。在军队里，我们就能看到这种情况。因为要共御外敌，所以军人之间很容易建立起深厚的兄弟情谊，而且这种情谊能够延续一生。只有通过这种方式去满足人的这种需求，社会才能保持健康和良好。

当今社会中，那些适应不良或者比这更严重的病态，其主要根源就在于，满足这种需求的过程中遇到了障碍。在人们眼中，爱和情感，还有它们在性欲上的表现，这些差不多都是模糊不清的、不便公之于众的，而且经常会受到各种限制，或者不被允许。事实上，适应不良的根本原因，就是爱的需求遇到了障碍，这一点是心理病理学理论家们都着重指出的。很多临床研究都是跟这种需求有关的，我们对这种需求的了解之深仅次于生理需求。

需要指出的一点是，爱与性并不是一回事。在研究当中，我们可以把性视为一种单纯的生理需求。性行为通常取决于多种要素，也就是说，性欲不是决定性行为的唯一要素。在其他要素中，对爱和情感的需求是最主要的。

此外，还有一个不容忽略的事实：所谓爱的需求，它其实包含两方面，一方面是把自己的爱给别人，另一方面是接纳别人的爱。

自尊

除了少部分病态的人以外，大部分人都有渴望自我稳固、得到他人信赖、获得他人高度评价的需求，即自尊和获得他人尊重的需求。所以，这些需求又可以分为两类，一类是在面对外界时渴望自己能拥有的，如力量、成就、权力、控制权、优势、信心、独立、自主①；另一类是渴望从他人那里得到的尊重和关注，如渴望权势、地位、威信、名望、荣誉、认可、欣赏等。

①我并不清楚这种需求是不是普遍存在的。重点是，受驱使和操控的那些人，他们一定会心生不满，继而起身抗争吗？依据人们普遍知悉的临床方面的资料，我们可以做如下假设：如果一个人清楚什么才是真正的独立自主，那么他是不可能让别人夺走他的自由的。真正的独立自主是通过恰当的安全感建立起来的，而不是通过丧失安全建立起来的。但是，对于那些一生下来就受驱使的人来说，上述说法还适用吗？我不知道。关于这些问题，请参考弗洛姆的相关论述。——原注

对于这类需求，阿尔弗雷德·阿德勒和跟随他的人都比较重视，而弗洛伊德则忽略了。但是，精神分析学家和临床心理学家越来越关注这些需求了，并且也逐渐意识到了它们的核心地位和重要性。

如果自尊的需求得到满足，那么人就感到自己有价值、有信心、有力量、有能力、有权力，感到自己是有用的、不可或缺的。如果这种需求遇到阻碍，人就会感到自卑、脆弱、无助。人一旦产生这种感觉，会出现两种情况，一种是产生深深的挫败感，另一种是渴望从别处获得补偿，或者面临患上神经症的危险。

在这种需求中，自信是必不可少的。少了它，人就会陷入极度的无助当中。关于这两点，我们通过对重度创伤性神经症的研究，很容易就能理解。

我们逐渐明确地认识到，如果自尊的建立是通过别人的评价，而不是通过对自身真正能力的认识，那将会导致怎样恶劣的后果。所以说，通过他人给予的恰当的尊重建立起来的自尊，才是最稳固、最健康的。至于声望、名誉、无任何依据的谄媚之词，这些身外之物不应该成为我们建立自尊的基础。

在这里，我们需要认识到以下两个方面之间存在的差别，这很有必要：一方面，是在单纯的意志、决心、责任感的基础上，形成的能力和取得的成就；另一方面，是在人的天性、品质、作为生物应有的命运的基础上，能顺理成章地得到的东西。霍妮认为，前者是由人的真实自我形成，后者则是由理想中的、虚假的自我形成。

自我实现——成为你该成为的样子

就算生理需求、安全需求、爱和归属的需求、自尊的需求，这些都得到了满足，但如果此时没有适合自己做的事情，人还是很快会出现新的不满足。一个人想要获得心灵上的终极安宁，就一定要遵从自己的本性，成为自己能成为的样子，比如你是一位音乐家，那就去创作音乐；是一位画家，就去画画；是一位使人，就去作诗。以上所说的这种需求，我们称之为自我实现。

自我实现这个术语，最早是由科特·戈德斯坦（Kurt Goldstein）提出的。不过，我要说的自我实现，有一种更明确、更有限的含义。它是一个人渴望达到自我实现的需求，这种需求是让自己的潜力发挥出来，让自己变得与众不同，让自己成为能成为的样子。当然，体现这种需求的方式是因人而异的。比如，有的人渴望做一位合格的母亲；有的人渴望在体育方面有所作为；有的人渴望在绘画或其他创作方面有所作为①。在这方面，人与人之间的差异特别大。这些需求的出现，有一个相同的前提条件，那就是，生理需求、安全需求、爱和归属的需求以及自尊的需求，这些都已经得到了满足。

自我实现的定义有很多种，但我们从中发现了一些稳定的、共同的要素。在所有定义中，都包含或隐含了以下两点：其一，对于人内在的基本部分或内在的自我，能够接纳和表达，也就是能够发挥潜力，使人类的本质和个人的本质都显现出来，并且使用它们；其二，极少出现以下状况，如不太健康、神经症、精神病、人类的基本能力和个人的基本能力消失或变弱。

在每个人的内心中，都存在着朝某个方向成长的需求，总的来说，这个成长的方向，就是自我实现或心理健康，特

---

①绘画类的创造性行为也是由多种因素决定的，这显然跟其他行为一样。有创造性的人，不管他有没有吃饱，有没有得到满足或幸福，我们都可以从他身上看到创造性行为。还有一个很明显的情况，创造性行为可以是补偿性的，可以是增强性的，也可以只是单纯的经济性的。我认为，我们应该分辨出两种艺术之间的差异，一种是基本得到满足的人创造出来的艺术，另一种是没有得到基本满足，只凭灵感创造出来的艺术。不管怎样，在这里，我们一定要站在动力这个角度上，找到外部行为与外部行为的动机或目的之间的差异。——原注

别是朝着自我实现的各个方向成长。也就是说，在每个人的内心中，都存在着一种驱动力，在其驱使之下，人会逐渐走向人格统一，自主表达，完满的个性和身份认同，不是漫无目的而是追求真理，富有创造性，善良，等等。

在健康的人身上，自我实现的特征具体表现为：

1. 对于现实，有更清晰和更有效的感知能力；

2. 能以更开放的眼光来看待经验；

3. 个人的整合、完整、统一程度更高；

4. 自发性和表达能力更强，能够充分发挥自身功能，生命力更旺盛；

5. 有真实的自我，对个人的身份认同毫不动摇，主动性更强，与众不同；

6. 态度更客观，更超脱，能够超越自己；

7. 创造能力恢复到最初状态；

8. 有能力使具体和抽象融合到一起；

9. 在性格结构上，更具有民主性；

10. 具有爱的能力。

此外，在自我实现，或者朝着自我实现好好成长的过程中，每个人也都会在主观上进行确认或强化，比如以积极的心态面对生活，感受欣喜、快乐、平静、责任，自信有能力对抗压力和焦虑，自信有能力解决问题，等等。与之相反，如果发生了自我背叛、固着、退行、恐惧而非成长等情况，人就会有焦虑、倦怠、绝望、不会享受、内疚、耻辱、漫无目的、空虚、没有足够的自我身份认同等表现。

我们普遍认为，大部分人或者所有人，好像都有自我实现的意愿。在揭示心理治疗中，这一点表现得尤为突出。至少从原则上来说，大部分人都是有自我实现能力的。实际上，自我实现者身上的那些特征，与我们信仰中的理想模样很相近，比如融合真善美，舍己为人，有智慧，诚实，顺应自然，超越自我、超越自私和个人动机，舍弃低级需求而追求高级需求，能轻而易举地分辨目的（如安静、平和等）和手段（如金钱、权势等），敌意、残暴、破坏性更少，友善更多，等等。

认知需求和审美需求

一直以来，获取知识和为世界建立一种体系都被视为某种技术，其目的是从外界获得基本的安全感。对于有智慧的人来说，其目的则是自我实现。畅所欲言、不受限制地质疑和询问，这些也可以被看成是基本需求满足的前提条件。这些看法或许有用，但对于好奇心、求知欲、实验等，这些东西在动机中起了什么样的作用的问题，它们并没有给出明确的回答。

我们想获取知识，这里面有消极的原因，比如出于焦虑和恐惧。依常理推测，这里面应该也有积极的原因，比如想满足好奇心和求知欲等。

观察某些高级生物的行为，我们能从中发现好奇心。它们的好奇心与人类的相似。以猴子为例，它们会去做一些与饥饿、恐惧、舒适等需求无关的事，比如撕扯东西、把手指伸进洞中、探索各种各样的地方等。

通过研究心理健康的人群，我们发现，心理健康的人都比较喜欢神秘的、未知的、未解的、混乱的事物。这些特点也被纳入了对他们的定义当中。他们做那些事，好像只是单纯出于喜好，而那些事情本身也特别有意思。反之，对于大多数人都知道的事，他们就毫无兴致了。

认知需求遇到阻碍，可能会引起某些心理疾病。我见过的一些临床案例可以明确地证实这一点。一些聪明人，因为从事愚笨的工作，或者过着愚昧的生活，身上就显现出了病态，如倦怠、丧失激情、厌恶、身体机能受到遏制、理智和品位不断下降等①。至少有一个案例表明，让有上述症状的人在空闲时间重拾学习，或者让他们找一份能让智慧得到发挥的工作，又或者培养他们洞察事物的能力，通过这些恰当的认知疗法，不良症状就会消失。

据我所见，很多聪明、富有、游手好闲的人，他们身上显现出的症状，跟"智力上营养不良"的症状是一样的。对

---

①这种综合征，跟里伯特（Ribot）和迈尔森（Myerson）所说的"快感缺失"很相像。不过他们二人认为，快感缺失这种病的致病原因可能不止一种。——原注

此，我的建议是，试着让自己醉心于有价值的事物。采纳了上述建议的人，状态都有所改观，甚至完全变好了。因为这种情况经常发生，所以也使我对认知需求有了更深刻的认识。

在某些地区，人们接收信息的通道被切断了，还有一些地区，官方发布的理论显然与事实相反。在这样的地区，人们的生活态度往往是消极的，一些人不相信任何价值，即使对显而易见的事物也心存疑虑。在人际交往上，他们是严重割裂的，丧失了希望和道德感。还有一些人是压抑、顺从、远离人群、能力丧失、主动性全无的，这种生活态度似乎更消极。

如果人的认知需求能在主观上得到满足，就会产生终极体验。人们往往重视结果和成果，而忽略洞察和理解。尽管如此，洞察仍不失为人生中耀眼、幸福、激动的瞬间，甚至有可能是整个人生中最精彩的瞬间。

所谓认知需求，它是一种渴望理解、渴望系统化、渴望组织、渴望分析、渴望研究明白关系和意义、渴望确立价值体系的需求。如果我们认可这些需求，就会发现，在这些需求当中，可以建立起一个小型的层次体系。在该体系中，渴望知道的需求是一个前提条件，在此基础之上，才能产生渴望理解的需求。对于这个小型的层次体系来说，之前说的层次体系中那些谁先谁后的问题，全都是可以套用的。

在这里，我要提醒一点，我们不能简单地把认知需求和之前说的基本需求划分开，也就是说，认知需求与意动需求，这二者并不是割裂的关系。就认知需求本身来说，它包含了"力求实现"这种意动性的特征。它也是人格的需要，跟我们之前说的基本需求一样。以上所说的两套层次体系之间，是彼此相关而非彼此割裂的关系，是互相协同而非互相对立的关系。

对于科学家来说，审美需求这个范畴中的内容是令人忐忑的。在所有需求中，我们对审美需求的了解最少，但我们却不能忽略它，因为它有很多历史、人性、美学方面的证据支持。

我认为，某些人身上的确存在一种真正的、基本的审美需求。面对毫无美感的事物时，他们会以一种特殊的方式呈现病态。反之，面对美好的事物时，他们的病态就全都消失了。他们的需求是积极向上的，唯有美才能满足他们的这种需求。这种现象在健康的孩子身上特别常见。关于这种需求的证据，我们可以从任何时代和文化环境中找到，包括遥远的洞穴人时代。

　　审美需求，它与意动需求和认知需求之间存在着大面积的重叠。在这种情况下，我们无法将它们彻底区分开来。我们可以认为，渴望秩序、渴望对称、渴望结构化、渴望系统化、渴望完成一件事，这些都是出于认知、意动、审美，甚至是神经症的需求。在这件事情上，我们无须去分辨什么。我认为，我们对审美需求的研究，是建立在格式塔心理学家和动力心理学家的研究基础之上的。比如说，一个人坚持认为，一幅画必须得端正地挂在墙上，这代表了什么？

需求满足的前提和意义

　　基本需求的满足受限于一些直接的前提条件。当这些前提条件遇到危机时，人会像基本需求本身遇到危机时那样，采取一定的方式去应对。这些前提条件是，不受限制地自我表达；在不伤害别人且不受限制的情况下，做自己想做的事情；不受限制地去研究和搜索信息；出于自身安全考虑，采取各种保护措施；一个集体能确保公平、诚实、有序。当以上行为受到限制时，人就会像遇到危机那样做出应对。

　　这些前提条件只是与目的接近，但并不是目的，基本需求才是目的。前提条件和基本需求之间有着极为密切的关系，缺少了这些前提条件，需求可能就无法满足，或者至少也要面临重大的危机，所以说，这些前提条件是需要保护的。

认知能力是一套用来组织和调配的工具，而满足我们的基本需求，是这套工具的功能之一。所以，很明显，任何妨碍这些能力的东西，都会间接地妨碍基本需求的满足，这是肯定的。抱着这种态度，一些问题就能得到部分解决，如好奇心、渴望知识、渴望真理、渴望拥有智慧、渴望解开宇宙的奥秘等。能对这些基本需求构成威胁的，是保守秘密、检查、不坦诚、妨碍沟通。

如果一种行为对满足基本需求有直接帮助，那么这种行为就会在心理上被推到重要的位置上。如果一种行为能提供的帮助不够直接，或者程度较弱，那么从动力心理学上来说，它的重要性就会差一些。对于各种防御机制或应对机制来说，上述观点同样适用。对于基本需求的满足，有些防御或应对机制所起的作用是程度强的、直接的，而另一些则是程度弱的、不那么直接的。当然，从数量上来说，基础的防御机制和不那么基础的防御机制，都是没有上限的，我们可以在随意列举的同时认为，与不那么基础的防御相比，更基础的防御面临的威胁更大。切记，在这里，防御与基本需求之间的关系，才是决定性因素。

我们在之前反复提到，只有当那些相对来说更占上风的需求得到满足时，才会产生新的需求。所以在动机理论中，满足是一个很关键的因素。除以上情况外，得到了满足的需求，不会在接下来的行为中起主要作用。这表明，当一个人的基本需求得到满足后，他就不再渴望安全、爱、自尊这些东西了。即便真的渴望，那也是从一种无形的或未成形的角度来说的，比如已经吃饱的人仍然感觉饿，被装满的瓶子仍然是空的。

如果我们真正在意的是那些在事实上驱动了我们，而不是也许会驱动我们的事物，那么当某种需求得到满足时，它就无法再驱动我们了。我们一定要实事求是地看待此事，事实就是，这种需求已经不复存在了。对于这一点，我们一定要重视，因为我已知的所有动机理论不是对它不以为然，就是表示反对。除非面临意外的、短暂的威胁，否则一个完全健康、正常、幸福的人是不会渴望性、食物、安全、爱、尊重、自尊这些东西的。如果一定要说他渴望，那只能说，那是任何人都会有的条件反射，就像巴宾斯基反射[①]一样，这些反射是因为神经系统受损引起的。

———————

①巴宾斯基反射：由法国神经学家巴宾斯基首次发现，是一种发生在婴儿身上的条件反射。具体来说就是，用火柴杆或大头针等物品不尖锐的那一端去刺激婴儿的脚底外侧边缘，从脚跟开始，逐渐向前轻轻划动。这时，婴儿的大脚趾会慢慢向上翘起来，其余的四个脚趾则向外张开，呈扇形。——译注

因此，我们不妨大胆推断，对于一个基本需求遇到障碍的人，我们完全可以视他为病人，或者至少视他为一个不够完整的人。与之相似的情况是，我们有时会把一个缺少维生素或矿物质的人视为病人。有什么人会认为，与缺少维生素的人相比，缺少爱的人就没那么重要呢？可以的话，我应该这样说，作为一个健康的人，他的主要驱动力是渴望成长，渴望发掘出自身的全部潜力。一个长期有其他需求，并且对这些需求还很积极的人，不能算是一个健康的人。毫无疑问，他生病了，就像突然极度缺少盐分或钙质那样。

如果对于上述观点，读者心存疑惑，或者认为有矛盾，那么可以肯定，其实矛盾有很多，以上矛盾不过是其中之一。只要我们在看待人类深层动机的时候，用的是与以往不同的方式，就势必会出现矛盾。去探究一个人到底想要什么的时候，我们就触碰到这个人的本性了。

02 | 假如需求不能得到满足

需求层次与抱怨层次

关于人的发展，有一个普遍的原理是，人可以在不同的动机层面上生活，过高级生活或者过低级生活都行；在丛林中过仅能果腹的生活，或者有幸在完善的心理社会中生活，也都行。当基本需求全部得到满足时，人们会在更高的层次上的生活，对诗歌和数学等方面产生兴趣。

判断一个人处于哪个动机层次的方法有很多，其中一种方法就是看一个人因什么事情发笑。比如，有的人觉得老太太被狗咬，或者镇上的傻子被别的孩子欺侮这种事很好笑——这种笑里包含了敌视和残忍，这表明他处于最低级的动机层次。而有林肯那种幽默感的人，从不夸张地大笑，只是嘴角一扬，略微笑一笑。这种幽默饱含哲理，能启迪他人，而且没有丝毫敌意，也不为降服别人。对于这种高级幽默，那些处于低级需求层次的人，理解起来是很困难的。

判断一个人处于哪个动机层次的另一种方法，是进行投射测验。在这种测验中，根据一个人的表现，或显现出的各种迹象，我们就能判断出他处于哪个动机层次。比如通过罗夏克①墨迹测验②，我们可以得到明确的指示，了解一个人需要什么，渴望什么，正在积极地追寻什么。通常情况下，那些已获得充分满足的需求会被遗忘，并在意识层面上被抹除。至少在意识层面上，我们可以说，那些已获得满足的基本需求不复存在了。由此可见，很多时候，在动机层次中，人们渴望的是更高层次的东西。有这种渴望的人，说明他更低级的需求已经全部获得满足。这也说明，那些高层次的、比自己的期望更高的东西，目前还无法实现，所以，他就没有考虑到它们。关于这一点，通过罗夏克墨迹测验，还有梦和梦的解析，我们就可以做出判断。

同理，我认为，在判断一个人的动机层次时，我们也可以把抱怨的层次作为一项依据。所谓抱怨的层次，就是需求

①赫曼·罗夏克（Hermann Rorschach，1884–1922），瑞士精神病学家，于1921年首创了著名的"墨迹测验"。——译注
②墨迹测验：简称RIBT，一种非常有名的人格测验，也是一种比较少见的投射型人格测试，被普遍应用于临床心理学中。——译注

和渴望的层次。举个例子，在专制而无序的工厂中，工人们生活困苦，甚至有可能饿死。这种境况决定了他们如何工作，如何应对虐待，老板如何行事，等等。通常情况下，这样的工人产生的抱怨与基本需求没被满足有关。他们的抱怨属于低层次的抱怨，也就是说，他们是因为基本的生物性需求没被满足而产生抱怨的，比如觉得太冷、太潮湿、太累、居住条件太差、人身安全得不到保障等。在现代化工厂中，这种抱怨很少发生，如果发生了，那说明工厂的管理和工人的生活水准都太差了。站在积极的角度上来看，通过这些抱怨，我们能看出人们对有可能实现的东西的需求或渴望，而这些东西基本都处于较低的层次。

我认为，属于低级抱怨的，有源自生物性需求的抱怨，有源自安全需求的抱怨，可能也有源自群体的抱怨或隶属于某个非正式的社交组织的抱怨。高级抱怨源于高级需求。这里所说的高级需求，主要与尊重和自尊有关，比如尊严、自主性、自我尊重、受他人尊重、有价值感、因自己取得某种成就而获得赞赏、奖励和认同等。多数情况下，一个人在面临自尊受损，或者自尊和名声有受损的危险时，会产生高级抱怨。至于超越性抱怨，它源于自我实现过程中的超越性动机——这是我所能想到的情况。更确切地说，我们可以将其归结为存在价值。

在工业环境中，我们也能看到包括完美、正义、美好、真理等在内的超越性需求。比如有的人抱怨效率太低了，即使他的工资并没有因此减少，他还是会有这样的抱怨。他其实是在表达自己理想世界中的不完美之处。他不是出于自私，而是出于一种近似无私的、对他人有利的、像哲学家一样的想法，才产生抱怨的。除此之外，他也可能会因为没有获得充分的知情权而抱怨，或者因为自由沟通的道路受阻而抱怨。

追求真理、追求诚实、追求所有真相，这些都不属于基本需求，而属于超越性需求。因为这些事情而产生的抱怨，是稀有且珍贵的抱怨。只有那些层次非常高的人，才会有这种抱怨。在一个由窃贼、暴君、卑鄙小人掌控的冷漠而残酷的社会中，你不会听到这种超越性的抱怨，能听到的，只有低层次的抱怨。

超越性的抱怨也有源自公平方面的。在管理得当的工厂的工人座谈会记录当中，我就发现了许多这方面的例子。就算自己能从不公平的现状中受益，一些人还是会抱怨不公平。此外，当做好事没有得到好报，做坏事却获得了奖励，也就是正义未能战胜邪恶时，也会产生超越性的抱怨。

需求和抱怨都是无止境的

人总归是要抱怨的。除了某些稍纵即逝的短暂时刻以外，并不存在什么伊甸园和天堂。想让人们彻底满意是不可能的，不管如何满足他们，结果都是如此。因为彻底满意就意味着人性的发展达到尽头，再没有继续发展的空间了，这显然是不可能的。达到完美，这是超出我们想象的事情，就算再过一百万年也不可能。

无论何时，人们都可以获得更多的满足、祝福、幸运。在获得了这些以后，人们会感到非常快乐，但这种快乐只能持续很短一段时间。一旦适应，人们就会把它们抛到脑后，转而去追寻更高层次的快乐。这是因为，在他们看来，相比现在而言，未来总是要更好一些。我认为，这个过程会永远延续下去。

上面这些情况，我希望能引起人们足够的重视。因为在管理方面的资料中，我发现了许许多多失望和理想破灭的情况。由于员工没有感恩之心，在待遇提高后还是有抱怨，有些管理者感到非常失望，甚至打算舍弃文明和开明的管理方式，转而重启专制的管理方式。可是，根据动机理论所言，对于抱怨会停下来这种事，我们永远都不该心存期望。我们可以期望的，只能是抱怨的层次越来越高，从低级抱怨上升到高级抱怨，再上升到超越性抱怨。这与我所说的人类动机的基本原则是相符的。动机是无限的，它会随着环境的好转而进入更高的层次，只能是这样。

这与我所说的挫折层次的概念也是相符的。在我看来，挫折未必都是糟糕的，它也是分层次的。在由低级挫折转向高级挫折的过程中，体现出的是幸福、幸运、社会环境的好转、人格更为成熟等。假如你对城市的绿化情况产生抱怨，这种抱怨在妇委会中引起了强烈反响，与此同时，有人也对公园里的玫瑰园的管理产生抱怨，那么就这件事本身来说，是很好的，这说明抱怨的人当前的生活水准比较高。你对玫瑰园产生抱怨，这说明你没有饿肚子，居住条件很好，不担心遭到暗杀，警察和消防员都能正常履行职责，政府办事有效率，教育方面搞得很好，当地政事通达，诸如此类的前提都得到了满足。重要的是，我们不能把高级抱怨与其他抱怨混同了。高级抱怨代表的是，所有的前提都已经得到了满足，在此基础之上，高级抱怨才有可能在理论上产生。

如果一位明智的管理者能对上述情况有深刻的理解，那么他改善员工工作条件的目的会是提升抱怨和挫折的层次，而不是彻底消除抱怨。这样一来，当管理者们费财费力地去改善环境，可员工仍有抱怨时，管理者们就不会感到理想破灭，或者特别生气了。

我们一定要学会一件事，就是去追求抱怨层次的提高。这才是真正的检查和验证，也是我们所能期望的全部。我们也一定要学会另一件事，就是当抱怨层次提升时，除了感到满足以外，还要打心底里感到愉快。

在这里，我们会面临几个比较特别的问题。比如什么是公平，什么是不公平。在人际交往当中，我们一定会遇到比较和抱怨。引起比较和抱怨的事情往往很琐碎，比如某个人的座位光照条件更好，某个人的座椅更舒服，某个人拿的工资更高，等等。更有甚者，还有谁的办公桌大，谁的办公桌小；谁的花瓶里有一枝花，谁的花瓶里有两枝花这类事。通常针对这类情况，我们必须得临场发挥，做出一个判断。在公平的层面上，我们要确定它是一种超越性的需求，还是一种支配层级的问题——意思就是人们把抱怨作为一种手段，以期在这个层级中谋得更上一层的机会，或更高一级的特权。

在某些特定情境下，这种抱怨也可能与安全方面的需求有关。在道尔顿（Dalton）所写的一本书里，就有一些这样的例子。其中一个例子是这样的，老板的秘书对两名员工的态度截然不同，对其中一个很友善，对另一个则很冷漠，这预示着，被薄待的那个可能会丢掉工作。也就是说，推测一个人的动机层次时，一定要与特定的情境相关联。

还有一个比较特别的例子，就是金钱有什么意义——这里指的是动机层次方面。在动机层次上，金钱可以代表低级价值，也可以代表中级价值和高级价值，甚至可以代表超越性价值。也就是说，它差不多可以与任何东西等同。对于这种无法判断动机层级的情况，我的做法是，暂时搁置，不予评判。

总的来说，通过对抱怨的动机层级做出的判断，我们可以确定某个有人际关系的组织的发展状况怎么样，健康状况怎么样。无论婚姻状况有多好，就读的学校有多好，父母有多好，人们仍觉得自己还应该过得更好，意思就是说，人们依然会抱怨。请记住这一点。

为什么得到时不觉怎样，一旦失去就心生抱怨

在管理学方面的资料中，我没有发现与极恶劣的工作环境有关的案例，一个都没有。很多时候，身处极度恶劣的工作环境中的，是一些临时工或做兼职的人。有时候，这种工作环境之差，已经到了引发内战的地步。

在这方面，我有一个亲身经历的例子。大概在1925年时，还在读大学的我与一家度假酒店签订了一份暑期工作合同，准备在那里当一名服务生。去酒店的路费是我自掏腰包的。可到了那里，我却被安排给一名服务生当帮手。我的薪酬远不如那个服务生，而且还没有机会赚小费。我是因为受骗而陷入这种状况的——想回去，路费不够；想再换一份暑期工，已经太晚了。老板承诺我，说会尽快让我当上服务生，我信了。因为只是一个服务生的帮手，又没有机会赚小

费，所以我每个月只有十几到二十美元的收入。这份工作没有休息日，而且每天都要工作14个小时。不仅如此，老板还声称，做沙拉的厨师要晚一两天才来，所以让我们加班，替厨师做沙拉。我们加了几天班，然后问老板，做沙拉的厨师怎么还没来，老板说明天就来。可两个星期过去了，情况依然如此。很明显，老板把我们都骗了，他之所以骗我们，只是为了压榨我们，让我们替他赚更多的钱。

此事是在7月4日那天宣告结束的。那天是国庆日假期，酒店里来了三四百位客人。深更半夜时，老板还让我们留下来加班，做一种造型美观，但需要花很长时间才能做出来的甜点。我们都答应了，而且没有一个人发牢骚。但是在4日那天，当正餐的第一道菜上完后，我们这些员工集体离职了。对我们来说，这样做意味着经济上的重大损失，因为想找份好工作已经来不及了，最差的情况是，我们也许连工作的机会都没有了。可是，恨意和想报复的欲望是那么强烈，以至于直到35年后的现在，我仍然记得那种报复的快感。

在竞争激烈、不是你死就是我亡的行业当中，每一分钱都关系到生死存亡。就拿美国某些只有一两个员工的小公司来说吧，为了活下去，为了赚更多的钱，老板必须对员工实施压榨，直到员工干不下去，主动辞职为止。可是，请记住，为了能得到一家美国大公司的工作，会有99%的人甚至情愿用自己的几年寿命去交换——即使那家大公司在管理方面做得差到了极点。

我认识一个家具厂的员工，他恨透了自己的老板，可在同行业中又找不到比当前更好的工作。他很气愤，因为他的老板叫他时不是叫名字，而是用吹口哨来代替。这种明显是故意羞辱人的行为持续数月，令他的愤怒与日俱增。

收集这些极差劲的老板，还有极恶劣的工作环境的例子，对我们进一步研究抱怨这个问题是有帮助的。我认为，把抱怨分成消极的和积极的，这很有必要。意思就是说，当最基本的需求轻而易举地就得到满足时，人们通常没什么感觉，或者觉得理当如此；可一旦这些需求被剥夺，或者面临被剥夺的危险时，人们就会心生抱怨，而且这抱怨来得既快又激烈。假如你问一个人的办公环境怎么样，他不会跟你说，因为办公室的地板没有泡在水里，所以他的脚不会是湿的；他也不会说，办公室里看不到虱子和蟑螂。因为在他看来，这些都是理所当然的，而且这些也算不上是什么好处。可是，当这些理所当然的条件哪怕只少了一个，抱怨之声就会接连不断地出现。换言之，虽然以上满足被剥夺时，人们的抱怨反应会特别大，但得到那些满足时，人们却不会表示赞美或心存感激。

挫折，是人生大问题

在探讨挫折时，我们容易陷入一种误区，就是把人拆开来看。时至今日，在描述人的时候，我们还总是倾向于用食欲受挫或其他需求受挫这样的方式。然而，我们应该时刻牢记，受挫只能是整体上的，只有某一部分受挫的情况绝对不可能存在。记住这一点，对于剥夺和威胁对人格产生的不同影响这个重要的问题，我们就能做出分辨了，这显而易见。

提到"挫折"这个词时，我们对它的定义往往是得不到自己想要的东西，某种渴望或满足遭到了阻挠。这种定义忽略了一个区别，那就是，剥夺分为两种不同的情况，一种是剥夺对人来说并不重要的东西，被剥夺的东西很容易找到替代品，不会造成太严重的后果；另一种是在剥夺的同时，还对基本需求造成了威胁，比如威胁到了人格、目标、防御体系、自尊、自我实现。我们的观点是，一般情况下，能够被归结为挫折的，只有那些带有威胁性的剥夺。

对于一个人来说，一个目标客体可能包含两层意义，一层是目标客体自身的意义；另一层是次级价值，或者说象征性价值。所以，当一个孩子渴望得到冰激凌的需求被剥夺时，他失去的只是一支冰激凌。但对于另一个孩子来说，失去的就不止是一支冰激凌了，因为妈妈不给他买冰激凌，所以他可能还觉得自己失去了母爱。对于后面那个孩子来说，冰激凌的价值不光是它本身，还有一种额外的心理价值。对于健康的人来说，只是失去了一支冰激凌可能没什么大不了的，而且在挫折中，如果威胁性剥夺的成分更多，那还能被叫作"挫折"吗？我们也不清楚。只有当一个目标客体意味着某种基本需求，比如爱、尊严、尊重等，这时候，对它的剥夺才会导致不良后果，而这种后果一般才是可以被归结为挫折的。

在某些动物群体或某些情境当中，一个客体可以具有两层意义。对此，我们可以清晰地展示出来。举个例子，有两只猴子，其中一只处于统治地位，另一只处于依附地位。这时候，一份食物的意义就不光是能填饱肚子的东西了，它还是统治地位的象征物。所以，当处于依附地位的猴子去拿食物的时候，处于统治地位的猴子会立刻攻击它。但是，如果处于依附地位的猴子能去掉食物的那层象征意义，也就是说，它能表明自己并不是奔着统治地位去的，那么它再去拿那份食物时，处于统治地位的猴子就会答应了。想要做到这一点并不难，它只需在靠近食物时表现出自己的顺从态度就行了，这就好像对处于统治地位的猴子说："我只是想用这份食物来填填肚子，并没有对你的统治地位宣战的意思。对于你的统治，我是全盘接受的。"

同样的道理，在面对朋友的批评时，我们也可以采用两种方式。通常情况下，对于普通人来说，朋友的批评意味着攻击或者威胁。这也在情理之中，因为很多时候，批评的确是一种攻击。所以，这会勾起他的怒火。但如果他能确定这种批评并非攻击或抗拒，那么他就能听得进去，更有甚者，还会心存感激。如果他有足够的证据能证明朋友是出于爱和尊重才批评自己的，那么他就会认为，批评就只是批评，无关攻击或威胁。

在精神病学领域，由于忽略了上述区别，所以出现了许多混乱的情况，而这些混乱其实是可以避免的。有一个频繁出现的问题，那就是，性需求被剥夺势必会造成挫折，从而导致有的人出现攻击性，有的人则升华了，等等，是这样吗？同样是单身，很多人并没有出现心理疾病，但也有很多人因此境况很差。不同的结果，分别是什么决定性因素造成的呢？对没有患神经症的人群所进行的临床研究，其结果表明，只有当一个人感觉不被异性接纳、自卑、孤独、价值缺失、尊重缺失或其他基本需求受挫时，性需求被剥夺才是导致严重疾病的原因。如果以上情况并没有造成什么影响，那么对这个人来说，承受性需求被剥夺就没那么困难了。当然，他也许会气愤，但这未必都是病态。这种气愤，是罗森茨威格①所说的需求—阻力的表现。

与单纯的剥夺相比，威胁性挫折与威胁的情境之间的关联更深一些。我们要明确两个概念，其一，是对不是基本需求的剥夺；其二，是对人格，也就是对基本需求或与基本需求有关的各种应对系统的威胁。这种剥夺所包含的意义，没有挫折所隐含的意义那样多。剥夺不会导致心理上的实质性疾病，但威胁会。最后，我们做出了这样的假设：挫折是一个独立的概念，它与以上两个概念有关联，但它的作用没有那么多。

----

①弗朗茨·罗森茨威格（Franz Rosenzweig，1886–1929），出生于德国，犹太思想家、哲学家。——译注

需求面临威胁会怎样

卡丁纳①有一部专门论述创伤神经症的著作，我们从中发现，可以在威胁效果的清单（不是冲突，也不是挫折）中新增两项，一项是特别普通的效果，另一项是严重创伤造成的后果②。按照卡丁纳的观点，我们可以认为，这类创伤神经症是因为生命体本身最基础的执行功能受到基本威胁导致的。这里所说的执行功能，包括走路、说话、吃饭等。

所以，对于他的观点，我们可以做出以下注释：经受过重大创伤后，一个人也许会认为自己是不能左右命运的，死

①阿布拉姆·卡丁纳（Abram Kardiner，1891–1981），美国精神分析学家、人类学家。——译注

②在这里，我们一定要重申一次：创伤情景与创伤带来的感受，这二者并不是一回事。创伤情境只是有可能会造成心理威胁，而不是一定会。如果能妥善处置的话，创伤情境也是有可能使人受到教育，或者得到提高的。——原注

神就要降临了。在具有绝对性优势的威胁面前，有的人对于自身的能力，甚至是最基本的能力，好像会失去信心。当然，那些不太严重的创伤，威胁性就没那么大了。需要补充的一点是，在某些具有特殊性格结构的人身上，出现上述状况的可能性更高。他们受到威胁，是以其特有的性格结构为前提的。

不管因为什么，死亡的逼近都可能会让我们丧失最基本的自信，身处威胁之中，但这只是有可能，而不是一定的。我们所认为的威胁指的是，无法处理上面那种情况、外界的力量过于强大、无法左右自身的命运、无法掌控世界、无法掌控自己。有时候，另外一些让我们感到力不从心或特别痛苦的情况，也会被我们视为威胁。

对于威胁这个概念，我们也许可以进行扩充，使其将通常是另一个领域内的现象包含在内。比如意外的强烈刺激、在没有征兆的情况下被抛弃、丧失立脚点、解释不了的事物、陌生的事物、生活秩序或节奏被扰乱，这些情况不但会触发情绪，还会带来威胁。

说到威胁，我们自然不能忽略它最主要的那一方面，也就是直接剥夺、妨碍、危及基本需求的情况，比如侮辱、拒绝、孤立、失去尊严、失去力量——这些都属于直接性的威胁。还有一些情况，是对自我实现构成威胁的，比如无节制地使用能力，或者有能力而不使用。最后还有一些情况，是对趋近于成熟的人构成威胁的，比如危及元需求，或者危及存在价值。

综上所述，能让我们感受到威胁的，是以下这些情况：有可能妨碍或已经妨碍了基本需求、有可能妨碍或已经妨碍了包括自我实现在内的元需求、有可能妨碍或者已经妨碍了以上两者所依据的条件、危及生命本身、危及个人整体上的整合、危及个人整体上的整合过程、危及个体对外界的基本控制、危及终极价值。在威胁的终极定义中，一定要包含与基本目标、价值、个人需求相关的部分。不管我们怎样给威胁下定义，这一点都是不可或缺的。这表明，动机理论必定是所有心理病理学理论的基础。

03 | 人的本能和动物性

本能理论不足以彻底诠释人性

　　我们需要重新审视本能理论，这不仅是因为我们需要区分基本和不太基本、健康和不太健康、自然和不太自然，还因为我们现在有了基本需求理论。还有一点不容回避的是，对于与基本需求理论有关的问题，我们势必要进行观察和研究，比如应不应该抛弃文化相对性，它是不是意味着一种具有构造性的、早已形成的价值观，它有没有恰当地缩窄联想和意义学习的范围等。

　　为数众多的理论、临床、实验证据均明确指出，我们有必要重新评估本能理论，甚至恢复某种形式的本能理论。这意味着一种怀疑的态度，也就是说，对于人类的可塑造性、灵活性、适应性、学习能力，当代的心理学家、社会学家以及人类学家这些人是不是太过重视了。然而，相比于他们的预计，人类的自主和自控能力要强大得多。

许多研究结果都强有力地表明，人类的可信度、自我保护能力、自我导向能力、自我控制能力，都超出了我们的想象。这些研究包括：

1. 坎农提出的"内稳态"概念和弗洛伊德提出的"死本能"概念等；

2. 关于品位、自由选择、自助选择的实验；

3. 列维①所做的本能满足实验，还有他的一些研究，如母亲对孩子过度保护或对孩子感情淡薄的问题；

4. 精神分析方面取得的多项研究成果，比如训练孩子如厕和给孩子断奶时，要求太高或者太着急，都是对孩子不利的；

5. 通过观察，许多教育工作者、儿童心理学家、护士都认为，还是相信孩子自己的选择更好；

6. 罗杰斯那种治疗方式中隐含的概念系统；

7. 受到伤害时，有机体能够自发地启动新的调节机制。这一点源自很多研究者提供的神经学和生物学资料，这些研究者包括持活力论的研究者、持突发进化论的研究者、现代

---

①克洛德·列维-斯特劳斯（Claude Levi-Strauss，1908—2009），法国作家、哲学家、人类学家、结构主义人类学派的创始者。——译注

实验胚胎的研究者，还有以戈德斯坦为代表的持整体论的研究者。

需要补充的一点是，近期随着很多理论的发展，我们发现，有必要在理论上提出一种假设。这个假设就是，在有机体内部，蕴含着某种成长或自我实现的倾向。这种倾向不同于有机体的保存、平衡、内稳态情绪，换句话说，就是它不同于那种回应外界冲动的倾向。对于这种成长或自我实现的倾向，以亚里士多德为代表的思想家，还有以柏格森①为代表的哲学家，他们都以各自的方式做出了预测。还有很多专家发现了这种倾向的必要性，这些专家包括精神病学家、精神分析学家、心理学家，其中的代表是戈德斯坦、布勒、荣格、霍妮、弗洛姆、罗杰斯等。

不过，重新审视本能理论的最重要的原因，是心理治疗师，特别是精神分析家总结的经验。对于基本的需求和不太基本的需求，也包括渴望和冲动，治疗师是一定要进行区分的。某些需求遇到阻碍时会引发疾病，而某些需求则不会；某些需求得到满足会使人健康，而某些需求则不会。以上都是简单的事实。很明显，需求遇到阻碍的情况更不容

---

①亨利·柏格森（Henri Bergson，1859–1941），法国哲学家，1927年诺贝尔文学奖获得者，获奖著作名为《创造进化论》。——译注

易改变，也更不容易处理。那些遇到阻碍的需求不接受一切诱惑、替换、讨好，唯一渴望得到的只是内心的满足。很多时候，它们都在追寻满足，这种追寻或是有意的，或是无意的。它们就如同顽固的、终极的、不容分析的事实那样，只能被看成是事实和问题的源头。这个源头至关重要，不管各学派之间存在多少不同意见，都一定要以这个源头为起点，得出某些似本能需求的结论。

站在基本的动力理论的角度来说，本能理论在当时并没有得到充分重视，这在某种程度上来说，反而是有利的。特别是对于麦独孤①和弗洛伊德提出的本能理论来说，更是如此。他们的理论之所以没有得到充分的重视，是因为其中的错误太突出了。

本能理论若想成立，就一定要接纳这个事实，即所有人都是自我驱动的。一个人的行为既可以由自身的本性决定，又可以由周围的环境决定。一个人自身的本性，其功能是提供已成型的目标和价值体系。通常在环境良好的情况下，一个人最想得到的事物，同时也是他希望能预防病态的事物，或者对自己有好处的事物。如果我们不明白行为的动机和目

---

① 威廉·麦独孤（William McDougall, 1871–1938），出生于英国的美国心理学家，策动心理学的创始人。——译注

的，那么行为就是毫无意义的。总的来说，有机体依靠的是自身拥有的东西。一般情况下，这些东西表现为生物学上的效率，或者智慧。然而对于这一点，我们目前还无法解释。

基本需求的似本能性质

早期的本能理论存在着一个重大的错误，就是过于重视人与动物之间的连续性，而不够重视人与其他物种之间的差异。现在的学者们往往存在一种坚定的思想倾向，就是认为那些人有而其他动物没有的冲动，都是非本能的。不可否认也无须进一步证明的是，那些人和其他动物都有的冲动或需求，都是本能的，比如吃东西和呼吸等。但我们不能因此否定，人类有自己特有的似本能冲动。任何物种都有自己特有的本能，既然如此，人类为什么就不能有呢？

等级越高的生物，身上的本能就越少——这是一种被普遍接纳的理论。该理论认为，那些减少的本能，被学习、思考、沟通等得到普遍强化的能力取代了。如果我们在给本能下定义时，是以低等动物为模板的，并且把本能看成是一种联合体——构成这种联合体的，有在内心早就成型了的需求，有感觉和知觉上的提前准备，有具备工具性效用的行动和技能，有目标客体，或许还有随之而来的情感——那么这样看的话，上述理论好像是对的。

在这种对于本能的定义下，我们发现，白鼠身上存在着性、母性、摄入食物等本能。以猴子为例，它身上仍有母性本能，但摄入食物的本能已经发生变化，而且是可以变化的。至于性本能，已经被一种似本能的需求取代了。猴子一定要学会怎样选择配偶，并且确保性行为能够有效进行。至于人类，他们既没有上述本能，也没有其他本能。性冲动和摄入食物的冲动仍然存在，母性冲动虽然也存在，但已经微乎其微了。至于具备工具性效用的行动和技能、有选择性的感觉和知觉、目标客体，这些势必是要通过学习才能掌握的。所以说，人类只有残存的本能。

我们的观点是，从本质上来说，基本需求是似本能的。这样说的其中一个原因是，当基本需求遇到障碍时，会引发心理疾病。对于这一点，所有临床学家都表示认同。不过，上述观点只适用于完成动作的那种需求、崇尚意义的那种需求、禀赋—能力—表达式的需求，而不适用于神经症需求、习惯性需求、基本需求以外的需求、出于习惯的偏好、对工具或方法的需求。

如果一切价值观都是被社会树立和教育的，那么为什么只有某些价值在实现的过程中受阻会引起心理疾病，而其他的就不会呢？通过学习，我们养成了一日三餐、道谢、使用刀叉和桌椅的习惯；我们不得不穿衣穿鞋、夜晚就寝、通过语言进行沟通；我们不吃猫肉和狗肉，而吃牛肉和羊肉；我们喜欢整洁，渴望获得成就和更多的钱。可是，当以上这些强有力的习惯遭受挫折时，我们并不会感到受伤。有时候，挫折甚至会对我们产生积极有利的作用。在漂流或露营等野外环境中，我们可以愉快地舍弃这些习惯。但对安全、爱、尊重的需求，我们绝不会如此。所以，很明显，基本需求有着独特的心理学和生物学意义。这类需求与其他需求是完全不同的。它们一定要得到满足，如若不然，我们就会生病。

基本需求得到满足，可以导致有利的、健康的、自我实现的结果。大部分临床结果显示，得到了安全、爱、尊重的人，感知上更有效，智慧运用得更充分，更赞同正确的结论，消化功能更好，生病的概率更低，也就是说，他身体的各项机能都能更好地运行。

毁灭和暴力行为是出自本能吗

人们普遍认为，伤害行为和毁灭行为并不是主要动机，而是一种次生的、演变而来的东西。这表明，人类的毁灭行为或敌意，实际上并不是起因，而是某种可以理解的原因导致的结果，是对某个事件做出的反应，是一种产物。与之相对的另一种观点是，在整体上或部分上，毁灭性就是某种毁灭本能直接产生的，或者是这个过程中的主要产物。

在进行上述讨论时，我们需要做出一种至关重要的区分，区分的对象是动机和行为。行为的决定性因素有很多，内在动机不过是其中之一。简单来说，对于行为的决定性因素，我们在进行理性思考时，一定要考虑到以下三个问题：其一，性格结构；其二，来自文化方面的压力；其三，当时的具体情境或周围的环境。

人类的毁灭行为的根源有很多，如果认为只是其中一种根源导致了毁灭行为，那是很荒谬的。如果在达到目标的过程中遇到障碍，我们需要扫除障碍，那么这时候，毁灭行为就会偶尔显露出来。比如说，一个孩子想把离自己很远的玩具拿到手，在他做这件事的时候，他也许完全没有意识到，自己把别的玩具踩在脚下了。

毁灭性也许是随着对基本威胁做出反应一同出现的。当基本需求遇到阻碍或威胁时，当防御或应对系统面临威胁时，当常规的生活方式面临威胁时，人都会使用"焦虑-敌意"这种应对方式。这表明，也许很多时候，敌意、攻击性、毁灭行为，是在上述应对方式中出现的。实际上，这并不是"为了攻击而攻击"，而是一种防御或反抗。内心焦虑的人，在受伤或身体机能退化时，会感觉受到了威胁。随之而来的，就是出现毁灭行为，这是有可能的。类似的案例是，很多脑损伤患者，为了维持自己那岌岌可危的自尊，会在绝望中采取一些疯狂的手段。

攻击行为的另一个根源，是独断专行的人生态度。对于这个根源，我们总是容易忽略，即便没有忽略，也无法准确地去论述。假设一个人生活在一片丛林之中，与他不同类的动物分为两种，一种是能吃掉他的，另一种是能被他吃掉的。在这种情况下，他的攻击性就是符合逻辑的、有道理的。我们所说的独断专行的人，总是下意识地做出以上假设。在这些人眼中，世界就是一片丛林。主动攻击就是最好的防御——这是他们奉行的原则。在此基础上，他们会毫无缘由地发动攻击。他们的这种反应没有任何意义。直到他们发现，他们之所以出现这种反应，只是因为自己做出了一种预测，认为别人会攻击自己。这就是著名的"防御性敌意"的例子，与之类似的例子还有很多。

在一些心理治疗报告中，我们发现，尽管有时候并不显见，但其实在所有人身上，都潜藏着暴力、愤怒、仇恨，以及毁灭和复仇的欲望。对于有的人说自己心里从没有过恨意这种话，任何一位经验丰富的治疗师都不会随意地信以为真。在治疗师看来，恨意是存在的，只不过被人压抑或控制住了。从所有人身上找出这种恨意，这是治疗师的目标。但是，从治疗中获得的丰富经验表明，不通过实际行动，而通过口头上的畅所欲言来宣泄我们的暴力冲动，这样做可以让这种冲动消失，让冲动出现的次数减少，让冲动中的神经症和虚妄的部分消失。

通常情况下，如果对上述情况的治疗取得了成功，也就是人真正成长和成熟了，那么他们看起来就会跟自我实现者差不多。他们的具体表现是，首先，跟普通人相比，他们在敌意、恨意、恶意、暴力、毁灭性攻击方面，体验感更少；其次，在他们身上，愤怒或攻击性并不是消失了，而是更倾向于变为见义勇为、自我肯定、对抗剥削和不公平，也就是说，他们的愤怒和攻击性逐渐从不健康状态转向健康状态；最后，对于自身的愤怒和攻击性，越是健康的人就越是不畏惧，所以在表达它们的时候，越是健康的人就越是发自内心。

暴力的另一端可以是没有暴力或受控制的暴力，也可以是较少的暴力。也就是说，暴力的另一端可以有两种指向。但是，健康的暴力与不健康的暴力，这二者可以作为对立的两端。

仅凭上述资料，还不足以解决问题。从以下情况当中，我们能获得巨大的启示：在弗洛伊德与其坚定的跟随者们看来，暴力是本能的，但是在新弗洛伊德派的弗洛姆和霍妮等人看来，暴力根本不是本能的。

攻击和杀戮是出自动物性吗

　　杀戮这种行为，并不单纯是为了食物，这一点对于任何物种而言都是如此。通过一些案例和观察，我们发现，我们所探讨的行为源自一种特殊的动机，这些特定行为的驱动力来自遗传。很多动物看似具有显著的、原始的、凶猛的特性，但实际上并非如此。在某种情境下，通过某些方式，人类身上的攻击性会苏醒过来。在动物身上，也会出现同样的结果。

　　举例来说，在动物身上，有一种被称为"领地权"的决定性因素。领地权在鸟类身上的体现是，有些鸟类会把巢修筑在地上，为了保证繁衍，它们会把自己选定的领地范围内的其他鸟类都赶跑。它们的攻击不具有普遍性，也不针对别的鸟，只针对侵入领地者。

有些物种会攻击其他一切动物，连自己的同类也不例外。只要是身上不带有自己所属族群气味的，或者长得不一样的，它们就攻击。举例来说，吼猴会形成小群体，这个小群体不对外开放，成员间是共同合作的关系。一旦有外来的吼猴想加入，群体中的成员就会冲其吼叫。但是，如果某个外来的吼猴能在这个小群体里待上很长时间，那么最后，它会被群体接纳，再有外来者想加入时，它也会去攻击。

在高等动物身上，攻击与统治权之间的联系更多了。对于动物而言，这种统治权和从统治权中衍生出来的攻击性，具有某种机能上的价值，或者生存上的价值。在某种程度上，动物的攻击性决定了它在统治阶层中的地位。反过来说，动物在统治阶层中的地位，又决定了它获得的食物数量、能不能拥有伴侣、能不能获得其他的生物性满足。事实上，这些动物的攻击性只在两种情况下才展现出来，一种情况是，务必要明确自己的统治地位；另一种情况是，要向别的动物的统治权发起挑战。

我不敢肯定的是，这种现象会在所有其他动物身上都出现。但我的确怀疑以下这种观点的正确性，即对于一些常被理解为本能的攻击性或残暴本性的现象，比如领地权现象、攻击外来者、出于嫉妒而保护雌性、攻击老弱病残者等，一些人通常认为，这些行为的驱动力是统治权，而不是"为了攻击而攻击"这种特定的动机，也就是说，这种攻击性行为并不是目的，而只是手段。

在灵长类动物身上，攻击性逐渐远离原始性。反之，它逐渐趋向于一种演变而来的产物，逐渐表现出更多的反应性和机能性，逐渐变得更合理和更易被理解。换句话说，攻击性是一种应对方式，引起这种应对的是某种动机整体、社会力量、即时的情景。在黑猩猩这种与人类最接近的动物身上，没有任何行为是"为了攻击而攻击"的。黑猩猩，特别是年幼的黑猩猩，它们是那样惹人喜爱，那样友好，它们是彼此合作的。那些手段凶残的攻击性行为，在某些群体中甚至完全不存在。在大猩猩身上，也有相似的情况。

我认为，关于攻击性这个问题，从动物推到人类的一整套推论都存在疑点。但如果我们接纳了这套推论，如果我们的推论是以与人类最接近的动物为出发点的，那么我们势必会得出以下结论：通过对猩猩的研究，我们证实了，猩猩身上发生的情况，跟我们一般所想的情况截然相反。如果人类身上真的有动物的遗传，那么这种遗传来自类人猿的可能性更大。可是在类人猿身上，合作现象多过攻击现象。

总结起来，我们在动物身上发现的证据有以下几点：

1. 从动物推到人类的这种推论，一直都是一项非常细致的工作。在此过程中，我们应该尽可能地保持慎重。

2. 在某些物种身上，我们的确能看到一种原始的、遗传性的毁灭倾向，或者凶狠的攻击性。虽然这种攻击性没有一般人认为的那样多，甚至在某些物种身上，我们连一丝攻击性都看不到。

3. 通过认真分析，我们发现，很多时候，某些动物身上的攻击性是由多种决定性因素演变而来的。这些攻击性所体现出来的，并不单纯是"为了攻击而攻击"的本能。

4. 在动物的进化等级逐渐升高，越来越趋近于人类的过程中，动物原始的攻击性本能呈逐渐减弱的趋势。直至在黑猩猩身上，这种本能已经基本看不到了。

5. 如果认真研究人类的近亲——猩猩，我们会发现，它们身上基本没有任何原始的、出于恶意的攻击性。相反，它们身上倒是有更多友好、善意、合作、利他的本能。

6. 如果我们只知道一种行为，那就只能对这种行为的动机做出假设。目前，有一个观点是得到人们普遍认可的，那就是，肉食性动物并不是为了虐杀才杀死猎物的，它们的目的只是获取食物。与之相似的情况是，人类并不是出于渴望杀戮的目的而把牛杀死的，我们的真正目的，是获取牛排之类的食物。

　　通过以上几点，我们发现，一种进化论的观点应该遭到质疑，并被舍弃，那就是，人类是单纯的迫于自身的动物本性，才显现出攻击性和毁灭性的。

似本能冲动，不同于动物本能

重视动物本能，这是本能理论的又一个错误，而且是更严重的错误。因为某些原因——这些原因很古怪，只有理性的历史学家才能明白它们——西方文明大体上都认为，人类内在的动物性都是坏的，人类最主要的冲动都是邪恶的、贪婪的、自私的、敌对的[1]。在神学家口中，它们是原罪和魔

---

[1] 在哈丁（Harding）于1974年发表的《精神能量》（*Psychic Energy*）中，有这样一段话：在人的本性中，那原始和无意识的方面，难道就不能被良好地驯化，甚至彻底扭转吗？如果答案是否定的，那么文明势必会灭亡。隐藏在受约束的意识和善意的道德秩序下面的，是极其残暴和冷酷的本能力量。这些本能力量如猛兽般贪得无厌、毫无节制、极度凶残、嗜杀成性。通常情况下，我们是看不到它们的，但是它们带来的冲动和力量，却是生命的源泉。一旦失去它们，生命就会像石头一样，没有一丝活力。然而，如果放任它们，生命也将失去意义，重新恢复到只有生存和死亡的状态，就像原始沼泽地里的万千生物那样。欧洲那些翻天覆地的变化，就是本能的力量导致的。在十几年间，数百乃至数千年的文明遭到了残害。若想让本能的力量潜藏起来，让我们在大多数时候能忽视它们，需

鬼；在弗洛伊德口中，它们是本我；在哲学家、经济学家、教育家口中，它们的称呼各有不同。对于上述观点，达尔文持认同态度。正因如此，他才会只把目光锁定在动物界的竞争上，从而忽视了合作——这种合作实际上是非常多见的，克鲁泡特金①就很轻松地认识到了这一点。

这种世界观的其中一种体现方式是，在那些人眼中，人类内在的动物性不像好动物，甚至连鹿、象、狗、猿这类较为温驯的动物都不像，而是像虎、豹、豺、狼那样。我们可以把这看成是对人类内在本性的坏动物的一面做出的解释。但与此同时，我们还需申明一点：如果我们一定要从动物推及人，那么最好的方式是选择类人猿这种跟人类最像的动物。这样做的原因是，大致上来说，类人猿还是比较惹人喜爱和温驯的，它们与人类有一些共同点，这些共同点被我们称为"高尚的品德"。对于"坏动物"这种形容方式，比较

满足一定的条件。这些条件包括信仰和社会的宽容、个人内部和外部的生存需求都得到一定程度的满足、众多个体组合成群体。但是，当它们从睡梦中醒来，它们在本质上的斗争所产生的混乱和杂音，就会打破我们原有的宁静和惬意，搅乱我们原本有序的生活。可我们还只是自以为是地坚信，人类内心的理性能够战胜周围的自然环境，战胜生命内部的自然本能。——原注

①彼得·阿历克塞维奇·克鲁泡特金（Pyotr Alexeyevich Kropotkin，1842–1921），俄国无政府主义理论家、革命家、地理学家。他的主要观点是，竞争并不是进化的关键性因素，合作才是。——译注

心理学是不认可的。

我们一定要给予本能以更为广阔的变化空间。很明显，只有在理性的人身上，我们才能看到认知需求。而在笨拙的人身上，我们几乎看不到认知需求，即便看到了，也是处于特别低级阶段的。列维的研究结果表明，在女性身上，母性冲动的表现各有不同，其间的差别很大，这导致的结果是，没办法对其进行量度和确定。像音乐、数学、艺术这些族群特有的天赋，其决定性因素很可能是基因，所以在大部分人身上，我们是无法找到的。

似本能冲动可以彻底消失，但动物本能显然做不到这一点。举例来说，据我们目前所知道的情况来说，当精神病态人格丧失了所有爱与被爱的需求时，这种需求的丧失基本会一直持续下去，也就是说，现有的一切心理治疗手段基本都无法将其治愈。还有一些更早的例子，比如有一项关于奥地利小村落的失业状况的研究，结果显示，长时间处于失业状态的人，道德水平会大幅下降，他们的某些需求也会遭到破坏。更为严重的是，当境况好转时，那些遭到破坏的需求也不会重现了。在纳粹集中营里，我们也能看到与之相似的情况。

我们已经看到，一个是本能，另一个是在认知上很好地适应新鲜事物，这二者在种族的准绳上是互相排斥的。我们从其中一个身上找到得越多，对另一个所抱有的期望就越少。这样一来，一种二分法的错误就产生了，这种二分法就是区分人类的本能冲动和理性。因为历史原因，这种错误很早以前就出现了。这是一个要命的、令人悲哀的错误。

在人类身上，本能冲动和理性都是似本能的。对于这个观点，持赞同态度的人很少。本能冲动和理性，这二者带来的结果或潜在目标，并不是互斥的，而是相同的、融合的。这一点更为重要。在一般的本能与理性的二分法中，本能和理性被视为互相对立的。对这二者的定义都很差劲。如果它们能被正确地定义，那么它们之间就不存在对立，也不存在太大的差别了。

现在，对于健康的理性，我们已经可以给出定义了，因而对于健康的似本能冲动，我们也可以采取同样的做法。虽然在不健康的人身上，我们能看到似本能冲动和理性的对立，但在健康的人身上，我们看不到这种情况。

似本能需求和理性，这二者之间不是对立的关系，而是一种融合统一的关系。二者之所以看似对立，是因为我们只盯着病态者身上的副产物看。如果这是事实的话，那么我们就能解开一个古老的谜题了：在本能和理性当中，谁才是占统治地位的那个？

越健康的人，身上的动物本性越突出

如今的动力心理学家和人本主义心理学家都认同的一个观点是，在给任何一种重要的、整体上的、全人类的品性或行为下定义时，我们都不能只用"刺激-反应"这种表达方式，因为这样只会导致混乱。这种混乱的一个最具代表性的例子，就是我们混淆了两样东西，一个是明显属于低级动物的本能，另一个是反射。虽然二者都是单纯的运动或活动，但反射的特点要更多一些，比如它还包含事先的冲动、表达行为、处置行为、目标客体、情感。

即便站在逻辑基础的角度上来看，被强制做出选择也是没有道理的。所谓强制做出选择，指的是要么选择完全的本能（也就是把各个部分结合起来，形成一个整体），要么选择非本能。残留的本能、冲动或行为本能的一面、各种程度的部分本能，这些为什么就不能存在呢？

在使用"本能"这个词语时，太多的作者没有加以区分，而把需求、目标、能力、行为、感知、表达、价值、情绪等统统包含在内，不是只描述一种，就是把几种结合起来描述。这种做法导致了滥用和混乱的现象。对于人类的任何一种反应，某些作者差不多都用本能去描述。

我们的一个重点的假设是，至少从某种程度上来说，人类的需求或基本需求是生来就有的，但与这些需求相关的行为、能力、认知、情感需求，这些并不是生来就有的，而是因学习和穿通作用产生的。据假设，这些是用来表达的。也就是说，我们可以简单地把基本需求中的遗传部分看成是一种意动上的匮乏，它与从根本上达成目标的行为之间并没有关联。所以说，它就像弗洛伊德所说的本我冲动一样，不过是一种漫无目的的需求。

不管是本能论的追随者，还是本能论的反对者，都经常抱着非此即彼的态度。这种态度是错的，也是可以杜绝的。我们自然不会像他们那样做。

在研究本能理论时，研究者们是以动物本能为范例的，这导致了很多的错误，其中一个错误就是，他们忽略了人类身上特有的本能。我们通过观察低级动物所发现的东西，同时也是最容易让人误解的东西，被当成了一个真理。这个真理就是，本能是强而有力的、不容改变的、不能被抑制和操控的。可是，这种观点只适用于鲑鱼、青蛙、旅鼠等，而并不适用于人类。

某些需求虽然与本能相似，但却很容易被抑制、操控、掩饰、改正，甚至可以被习惯、暗示、文化环境、罪恶感等约束，比如爱的需求就是这样。这难道不可能吗？也就是说，难道人类就不能有一些微弱的本能吗？

文化论的支持者们之所以要攻击本能理论，其主要原因是，他们受到了一种错误动机的驱使——在他们看来，本能就等于强而有力。这种攻击是无法成立的，因为人种学家根据自身的经验就能驳倒它。不过，如果我们能对文化和生物都抱有适度的尊重，并且在此基础上认同这样一个观点，即与似本能的需求相比，文化的力量要更强大一些，那么以下这种观点就不是不合逻辑，而是天经地义的了。这种观点就是，如果我们不希望看到微弱的似本能需求被比它更强大的文化遏制，那我们要做的是，保护那些似本能的需求，而不是采取相反的做法。

我们需要的治疗（除了催眠和行为治疗以外的所有类型的治疗）应该是具有揭示性的、富有远见的、程度深的，这些治疗一定要能起到揭示、再现、增强的作用，其作用对象是我们那些变弱或丧失的似本能倾向和残留的本能、被掩盖的动物性的自我、主体上的生物属性。

在我们所说的个人成长工作坊中，以上终极目标能得到更真切的体现。不管是在治疗，还是在工作坊中，这些工作都是表达性的、痛苦的、须长期为之奋斗的。我们有可能会失败，尽管如此，我们还是要保持耐心和坚强，甚至一生都要如此。

动物的冲动之声是嘈杂、清晰、明确的，相比之下，我们的冲动之声则是微弱、易被混淆、易被忽略的。因此，要想听到我们的冲动之声，就得借助于外力。这样一来，我们就能理解这个现象了：在自我实现者身上，动物本性表现得最为突出，而在神经症者或普通病态者身上，动物本性则表现得最不突出。更有甚者，我们可以认为，一个人正是因为丧失了自身的动物本性，才表现出了病态。矛盾的是，在那些最富有灵性、最神圣、最有智慧、最理性的人身上，物种性和动物性表现得最为突出。

04 | 人性本善，还是人性本恶

人的动物本性，是好还是坏

价值生活（灵性的、哲学的、价值论的等）属于人类生物学的范畴，它与"低级的"动物生活并非分离的、二分法的、互相排斥的，而是处在同一个渐变连续体上。因此，它有可能遍及全人类。此外，虽然它的存在不能缺少文化的推进，但我还是要说，它是有可能超越文化的。

以上这个可被验证的命题表明，灵性生活与肉体生活也处在同一个渐变连续体上。这里的灵性生活，也可以换成价值生活，或者"高级"生活。肉体生活，指的是动物的生活、物质的生活，或者"低级"生活。换言之，在我们的生物生活当中，包含了灵性生活的部分。尽管它是"最高级"的那部分，但仍然包含在生物生活的范围内。这样一来，灵性生活也就成了人类本质的一个组成部分。在给人性下定义时，这项特征不可或缺。缺了它，人性就达不到完满。它也是真实自我、个人身份认同、内在核心、种族特征、完满人性的一部分。

我们"最高的本性"同时也是我们"最深的本性"。灵性生活在人类思想的范围内。从原则上来说，一个人如果能为之奋斗的话，是可以获得它的。不过，我在这里要谨慎地说一句，实现灵性生活的可能性并不大，或者说，它不是那么容易实现的，它只是在理论上有实现的可能性。

我认为，超越性需求是本能性的，但它们并不存在于现实生活当中，而是作为一种潜能存在的。超越性需求的实现，绝不能缺少文化的推进。然而，只有文化的推进还不够，我们还需要一种超越文化的东西。这种超越文化的东西能从文化的首尾两端进行批判。批判的内容是，对于自我实现、完满人性、超越性动机，该文化起到了推动作用还是抑制作用，推动或抑制的程度如何。从原则上来说，文化与生物学之间并不是分立关系。也就是说，一种文化既能与人的生物性协同，也能与之相抗。

高级生活、灵性生活、存在价值，这些是不是人人都迫切渴望的呢？关于这个问题，睿智的回答是，由于每个人的生活状态和生活环境，所处的社会、经济、政治环境，心理病态的程度和总量等，都是不一样的，所以在这些因素的影响下，每个成年人未来的发展状况也不尽相同。然而，我们不能因此做出错误的决定，即不再争取超越的生活，否认活着的人真能过上超越的生活。

很明显，我们说的灵性生活、超越生活、价值生活，源自人的生物性本性。在人的动物性当中，它是高级的那部分。它实现的基础，是低级的动物性能达到健康水平。也就是说，在层次系统当中，高级的动物性和低级的动物性，二者并不是互相排斥的，而是彼此关联的。然而，只有在赞同人性和致力于推进人性发展的文化环境中，高级的动物性才有可能普遍实现。这是因为，高级的动物性，或者说灵性的动物性，它们是非常弱小和怯懦的，一不小心就会被弄丢，遇到强势的文化，它们很容易就会被摧毁。

为防止很多二分法的出现，我们应该抱着这样的态度：一个是低级的、动物性的、遗传性的部分，另一个是最高级的、最有灵性的、价值性的部分，把二者放在同一个渐变连续体上，并据此表明动物性中包含灵性，灵性是高级的动物性。这里举一个二分法的例子，在我们看来，魔鬼的召唤、邪恶、腐化、性欲、自私自利、以自我为中心、追求自我等，它们与善良、理想、恒久的真理、我们最高的志向等，是没有关联且彼此对立的。人们有时认为，那些最美好的品性在人性的内部。然而纵观人类历史，绝大部分的情况是，人们觉得善良不属于人性，它比人性要高，是一种超自然的存在。

我隐约觉得，大部分哲学或意识形态多少都有点偏向于这种观点，即邪恶或最差的品性，是人性里本来就有的。可有时候，就算是我们最差劲的那些内在的冲动，也会被转化成外在的东西，比如魔鬼之类的。

很多时候，我们会主动贬低自己最低级的动物本性，认为那是不好的。尽管从原则上来说，它其实也可以被看成是好的。事实上，在某些文化中，动物本性一直都被认为是好的。从某种程度上来看，贬低低级的动物本性，这可能也是一种二分法。关于这种错误的二分法问题，在解决它的时候，超越性动机的概念应该可以作为一种理论基础。

需求和动机是邪恶的吗

从表面上来看，基本需求、动机、冲动、驱动力，这些并不都是邪恶或有罪的。渴望食物、安全、归属感、爱、外界的认可和称赞、自我认可和称赞、自我实现，这些需求未必都是不好的。一个相反的事实是，在大部分文化环境中，大部分人都遵从自己所在地的观念，认为上述需求都是对人有利的、值得追求的。最科学的观点是，上述需求并不是邪恶的，而是中性的。在大部分文化环境中，包括我们身处的这个文化环境在内，从根本上来说，我们对于杰出、真理、美、法律、简洁等的元需求，不会被认为是不好的、邪恶的、有罪的。

所以说，对于世界、人类史以及自身的个性中存在的大量的、明显的邪恶，用人性是解释不通的。用人类这个物种的基本原料本身，也同样解释不通。当然，根据我们目前足够充分的认知，我们可以把身心疾病、愚昧无知、不够成熟以及不够理想的社会和制度，视为诸多邪恶的根源。但我们不能认为，我们的认知量已经多到足以断定其间的因果关系有多深。我们知道怎样才能让邪恶变得少一些，可使用的方法有健康和治疗，有知识和智慧，有长期的心理成熟，还有令人满意的政治、经济、社会结构、制度等。可是，我们具体需要多少种方法呢？用了这些方法，邪恶就能被彻底清除吗？

到目前为止，我们当然可以认为，我们的认知量已经多到了可以驳倒以下观点的程度。这种观点就是，从根本上来说，人的本性就是原始的、生物的、大体上邪恶的、有罪的、敌意的、残暴的、嗜杀的。但我们不敢保证，那些趋向于恶劣行为的似本能倾向，在我们身上一点儿都不存在。

人的内在本性遭受挫折、否定、压抑时，会导致心理疾病。这些心理疾病有时候很明显，有时候则很模糊，难以捉摸，有时候立刻发作，有时候则延迟发作。我们可以认同这种观点，即一般的人格疾病意味着成长、自我实现、完满人性中存在欠缺，而导致这种疾病的根本原因是受挫，它包括基本需求受挫、存在价值受挫、与众不同的潜能受挫、自我表达受挫、按自己的方式或节奏成长受挫。如果这些挫折是在较早的人生阶段发生的，那么情况会更严重。总的来说，导致疾病和变弱的原因，并不只是基本需求没有得到满足。

如果能教导年轻人抛弃不切实际的完美主义，那么我们很快就能迎来伟大的社会改革和教育改革。不切实际的完美主义指的是，想让社会、政治家、父母、老师、婚姻、朋友、集体，都达到自己理想的完美状态。在现实生活中，这些完美状态只能在短暂的高峰体验①和完美融合中偶尔发生。除此之外，它们并不存在，也不可能存在。虽然我们知道的还不够多，但这也足以让我们明白，上面所说的那些期望都是幻想。既然是幻想，就一定会有破灭的那一天。到那时，人就会感到厌恶、愤怒、抑郁、想报复。据我观察，"想要马上重获新生"这种心理，是滋生邪恶的一个主要根源。如果我们将不完美视为邪恶，那么所有东西都是邪恶的，因为所有东西都不完美。

———————

①高峰体验：基本需求得到满足后，达到自我实现的状态下，人能获得的一种短暂的、极致乐观豁达的、接近顶峰的、超越时空的、超越自我的、完美的体验。——译注

良心和罪疚感

　　要深入探讨"内在的良心"和"内在的罪疚感"，就要从它们的生物学起源说起。弗洛姆曾探讨过"人本主义良心"，霍妮重新认真地分析了弗洛伊德所说的超我。在他们两人的启示下，其他人本主义作者始终认为，在超我以外，还有"内在的良心"和"内在的罪疚感"。内在的罪疚感之所以会产生，是因为一个人违背了内在的自我，所以他惩罚自己，这惩罚是他理当承受的。

　　我确定，"内在的良心"和"内在的罪疚感"的概念，可以从超越性动机理论的生物学本源中获得更多的解释和补充。对于所有的生物学理论和本能理论，弗洛姆和霍妮的态度是排斥的，这是因为他们不认同弗洛伊德本能理论中的某些内容，可能也因为他们过于轻率地接纳了社会决定论。站在超越性动机的角度，我们不难看出，他们在这个问题上出了很大的差错。

在"真实的自我"中，人的生物构造这部分是不可或缺的，这一点确定无疑。做自己，坚持自然或自发性，坚持真实，把自己对身份的认同表达出来，以上这些行为都代表着接纳一个人各方面的动机的本性。这里所说的各方面，包括体质的、气质的、解剖结构的、神经的、内分泌的、似本能的。所以，这些表述也属于生物学范畴。这个观点与弗洛伊德派的思路一致，也与新弗洛伊德派的想法一致，至于它还与罗杰斯、荣格、谢尔登、戈德斯坦等人的观点一致，这就更不用说了。

关于上述问题，弗洛伊德只是认为有必要深入研究，但他对它们的认识并不清晰。不过，我的观点纠正了弗洛伊德的研究方向，也使它变得更清晰了。所以我认为，这合乎"后弗洛伊德"的传统。我觉得，弗洛伊德可能也试着表达过相似的观点，表达的途径是他自己的那些本能理论。我还确定，这个观点吸取了霍妮的"真实的自我"想传达的意思，与此同时，它也让那些意思上升到了一个新的高度。

对于内在自我，我的解释更侧重于生物学方面。如果我的这种解释能得到证实，那么它也就能证实另一个问题，即神经症罪疚感和内在罪疚感之间有什么区别。内在罪疚感是因为违背人的本性而产生的，有这种感觉的人想要成为一种非我的样子。然而，按照上面所说的观点，内在价值或存在价值，应该被纳入内在自我的范围内。

从理论上可以预测，背离真理、正义、美或其他存在价值，这种行为会引发内在罪疚感，或者我们是否可以把它叫作超越性罪疚？这种罪疚感的产生是自然而然的，而且从生物学的角度来看，也是合理的。就像疼痛其实是希望我们变得更好那样，上述观点在逻辑上与之相似，因为我们接收到的信息是，我们正在做于己不利的事。我们在违背存在价值时会感到痛苦，从某种意义上来说，感到痛苦是理所当然的。另外，在以上的阐述中，也暗含了"对惩罚的需求"的新诠释。站在积极的角度上来看，这说明，通过赎罪来让自己得到彻底的洗刷，这是有望实现的。

人性中的"恶"是有望减少的

成长停滞、逃避成长、固着、退行、防御，这些都是我们在成长过程中遇到的阻碍，对此，我们一定要采取直面的态度。简单来说，就是我们要直面精神病理对人的吸引作用，或者人们常说的"恶"的问题。

很多人并没有真实的自我身份，自我决定和自我选择的能力也很弱，为什么会这样呢？

1. 虽然这些自我实现的冲动和意愿出自本能，但它们特别微弱。因此，与本能很强的动物相比，我们的这些冲动更容易被一些事物掩盖，比如习惯、文化的错误看法、创伤、错误的教育。所以，与其他动物相比，人类的选择问题和责任问题，都显得格外突出。

2. 因为历史的原因，西方文化中存在着一种特殊的认识倾向。在西方人眼中，人类的似本能需求，也就是我们所说的人的动物性，都是坏的，或者邪恶的。所以，在很多文化机构建立之初，就有这样的清晰目标——对于这种人类的原始本性，要采取控制、阻止、约束、压制措施。

3. 人是受两种力量而不是一种力量撕扯的。在一种力量的推动下，人走向健康；在另一种力量的推动下，人心生恐惧，出现退行，走向疾病和虚弱。一方面，我们可以往前走，进入"高级的超脱境界"；另一方面，我们也可以往后退，进入"低级的超脱境界"。

一直以来，在我们的价值理论和道德理论中，都存在着一个主要的、事实上的不足之处，那就是，对于精神病理学和心理治疗，我们的认识还不够。历史上那些有远见卓识的人，已经向人们展现了美德和善良的好处，还有人与生俱来的对心理健康和自我实现的渴望。然而，对于近在眼前的快乐和自尊，大部分人却固执地不肯接纳。那些当老师的人，只能感到气恼、焦躁、理想破灭，游走于责备、劝说、绝望之中。不少人已经彻底放弃了，他们开始把话题转向原罪，或者与生俱来的邪恶，并给出这样一个结论——能够挽救人类的，只有那些高于人类的力量。

虽然不全是，但在很大程度上，人类身上的邪恶就是弱点和无知。这是情有可原的，同时也是能够被治好的。人类的弱点是趋向于健康的，如果我们不知道这一点，那就永远也不可能真正地了解人类的弱点。这会导致我们犯一种错误，那就是从病理的角度去看待所有问题。如果不清楚人类的弱点，我们也永远都不可能了解人类的力量，并且发挥这些力量。这会导致我们犯另一种错误，那就是完全依靠理性，从而显得过分乐观。

目前看来，人的基本内在本性，是我们的文化中成年人所认为的那种"善"的，或者中立的，而绝不是"恶"的。"它出现在善恶之前"，这才是对它最精准的描述。一般情况下，所谓的恶行，指的是没有来由的敌意、残暴、破坏性、卑劣的攻击性。对此，我们的了解还不够多。这种敌意是似本能的，还是反应性的（即对不好的境遇做出的反应），这会导致人类的未来出现两种截然不同的结果。

根据目前掌握的证据，我们可以认为，无视一切的破坏性和敌意，这些都是反应性的。之所以这么说，是因为通过揭示性心理治疗，上述情况可以变少，而且在性质上，它们也可以转变为健康的自我肯定、坚强、有选择性的敌意、自卫、出于正义的愤怒等。不管怎样，自我实现者全都是拥有攻击性和愤怒能力的，他们可以随时把这种态度显露出来，只要外界环境有这种需要。

在我们的文化中，那些被视为"恶"的行为，其根源可能在于无知的、不成熟的误解和信仰。举例来说，兄弟姐妹间的竞争行为，其根源在于每个孩子都渴望独霸父母的爱。从原则上来说，只有在日趋成熟的过程中，孩了才能渐渐明白，父母爱兄弟姐妹并不妨碍父母爱他。所以，像孩子那样去理解爱，这本身不应该受到指责，但这有可能会导致爱意不足的行为。

很多时候，真、善、美、健康、智慧，这些会招来嫉妒或憎恶，而在很大程度上，这种有违价值观的现象，其根源在于面临失去自尊的威胁。比如在诚实的人面前，撒谎的人感到有威胁；在相貌出众的女孩面前，相貌一般的女孩感到有威胁；在英雄人物面前，怯懦的人感到有威胁。在任何一个比我们更好的人面前，我们都会看到自己身上的缺点。但是，比这个问题更深刻的，是一个终极存在的问题，即命运的公平与正义。在病人看来，健康的人并不比他更配拥有健康，所以他会嫉妒健康的人。

大部分心理学家都认同的一个观点是，恶行并不是本能性的，而是反应性的。这表明，虽然人性中的恶行基础稳固、不易动摇、始终无法彻底清除，但是随着人格日趋成熟，社会日渐进步，恶行还是有望减少的。

05 | 我们在害怕什么

畏惧知识

弗洛伊德有一个最伟大的发现，那就是，人们害怕了解自己，包括自己的情绪、冲动、记忆、才华、能力、潜力、命运，这也是诸多心理疾病的主要致病原因。我们发现，害怕了解自己与害怕了解外界，这二者是往往同时存在的，而且在形式上也一样。换句话说，很多时候，内部问题与外部问题，这二者之间是有所关联且极为相似的。所以，对于认知恐惧，我们在谈论时，只是就一般意义来说的，而不会细分外在和内在。

这种恐惧是出于保护的目的，保护我们的自我尊重和自我爱护，所以在一般情况下，这种恐惧是防御性的。我们害怕的认知，通常是那些会让我们看不起自己，或者会感觉自卑、懦弱、没有价值、邪恶、耻辱的。出于自我保护和维护自身理想形象的目的，我们启动防御措施，比如压抑自己等。然而，从本质上来看，这些防御措施都是技巧性的，我们之所以那么做，只是为了避免自己意识到那些令人感到不愉快的真相，或者危险的真相。

还有一个真相也是我们经常想要避开的。我们揪住心理疾病的症状不肯松手，与此同时，我们还有逃避自身成长的倾向。这是因为，成长会让我们感到畏惧，感到自己并没有那么好。所以我们会采取另一种防御措施，即不承认自己身上有闪光点、才能、知觉、潜力、创造性。简单来说，就是我们害怕自己成为伟人，害怕高估自己。对于自己内心的神性，我们既痴迷又畏惧，既渴望又防御，总是充满了矛盾。我们一面是蠕虫，另一面是神明——这就是人类面临的基本困境之一。

任何一位具有伟大创造性的人或者像神一样的人都能证明，在创造和认可与旧事物对立的新事物时，人是孤独的。这时候，有一样东西必不可少，它就是勇气。这种勇气意味着无所畏惧和敢为人先，也意味着抗争和挑战。短暂的恐惧和惊慌，这情有可原，但一定要想办法去战胜，否则就不会有创造。因此，当发现自己身上有出众的才能时，我们当然会感到信心满满，但与此同时，我们也会感到害怕。怕的是，身为领导者和独行者，我们要承担一定的危险、责任、义务。在我们眼中，责任也许是一个沉重的包袱，所以我们想躲开它，而且是尽可能长久地躲开。关于这一点，我们想想下面这种情况就能明白：据那些在选举中胜出，当上了总统的人描述，他们的情绪中混杂着敬畏、谦卑乃至恐慌。

在临床方面，有几个比较有代表性的案例。比如在对于女性的心理治疗当中，就存在这样一种普遍现象：许多非常有才华的女人会沉迷在一种分辨之中，这种分辨是无意识的，分辨的对象是自身的杰出智慧和男性气质。这个女人也许觉得，自己会因为探寻、好奇、证明、发现等行为而丧失女性气质。要是她丈夫怀疑自身的男性气质，并因此感到有威胁时，这个女人的上述表现就更突出了。对于女人获取知识这件事，很多文化都会采取阻拦措施。在我看来，这种做法的驱动力之源在于，希望在施虐和受虐这种意义上，女性能维持自身的女性气质。举例来说，女人不能从事工程师或司机这类职业。

也许在某些懦弱的男人看来，在好奇心驱使下的探索，就如同挑战别人一样，好像在查寻真相的过程中展现出自己的智慧，就是在认同自己、肆意妄为、展示自身的男性气质，可与此同时，他对自己又不是太有信心，害怕会触怒比他年龄更大或者更有力量的男人。

在受剥削和压迫的人、属于弱势群体的人，或者奴隶身上，也存在相似的情况。这些人因为害怕触怒"主人"，所以不敢不加约束地去探索，也不敢知道太多。很多时候，我们能在这些人身上看到一种被称为"防御性伪愚"的表现。

不管怎样，剥削阶级和残暴的统治者都不太可能允许所谓的下等人有好奇心、去学习、获得知识，这样做是为了局势着想。那些知道了太多事情的人，有发动叛乱的可能性。不管是被剥削者，还是剥削者，他们都受这样一种观念的驱动，那就是，掌握知识与当一个适应性良好的好奴隶，这二者是不可兼容的。因此，知识是危险的，非常危险。碍于弱势、附属地位、低自尊的现状，认知的需求被压制了。猴王主要是通过毫不留情地凝视来确立自己的统治地位的，面对这种凝视时，处于附属地位的猴子会把自己的目光转向别处。

在无意识中，认知似乎代表着支配、征服、掌控，甚至轻蔑。在有窥淫癖的人身上，我们也能发现同样的现象。在偷窥赤裸的女人时，有窥淫癖的人会感觉自己拥有了某种掌控权，他的眼睛好像是一种有支配能力的工具，可以把女人强暴了。如果从这个意义上来看，那么可以说，大多数男人都是有窥淫癖的，他们放肆地注视着女人，用眼睛把女人身上的衣服脱掉。在《圣经》中，提到"认知"这个词包含的性的意义时，也采用了相同的比喻方式。

从无意识的层面看，认知意味着入侵和贯穿，它等同于男性的性。知道了这一点，我们就能更好地理解伴随着以下这些情况出现，且从古至今一直都存在的矛盾心理了，这些情形包括：在女人身上，存在着女性气质与勇于认知之间的矛盾；在被剥削者身上，存在着认知是主人的专属权利的观念；在有信仰的人身上，存在着一种担忧，他们觉得认知是对神权的冒犯，有可能会引来危险和愤怒。就像交合行为是一种自我认同一样，认知行为也是如此。

担心"知道了就要负责"

为了减轻焦虑，我们可以去获取知识，也可以去躲避知识。根据弗洛伊德学派的观点，没有好奇心、不能好好学习、伪愚，这些也许都是一种防御的表现。毫无疑问，知识与行动之间是密切相连的。与上述观点相比，我的观点有着更大幅度的进步。我非常肯定，很多时候，知识和行动的意义是相同的，甚至在苏格拉底法①中，它们的意义完全相同。只要我们对事物的认知是充分而全面的，那么紧随其后的，就是出于本能的、顺应自然的行动。这样一来，我们就可以毫无矛盾地、完全出于自发地做出选择。

在健康的人身上，上述状态有着高水平的体现。健康的

①苏格拉底法：也称苏格拉底法则，指苏格拉底在与人讨论问题时经常采用的诘问法。——译注

人好像清楚什么是好与坏、对与错，他们也能将这种认知通过各种身体活动展现出来。在此过程中，他们看起来很轻松。但是相同状态下，在孩子或者是大人内心中隐藏的孩子身上，体现出的水平却截然不同。对这些人来说，在头脑中想做的事就是真正付诸行动的事。精神分析师把这种情况称为"思想全能"。意思就是说，如果一个人曾经有让自己父亲死掉的念头，那么他就有可能像真的把父亲杀掉了一样，出现一些无意识的反应。对成年人进行心理治疗的其中一个目的，就是要消除这种幼稚的警示，使人不再以为自己真的做了什么事，并因为这种幼稚的想法而自责。

利用认知与行动之间的紧密关系，我们可以更好地剖析认知恐惧。事实上，认知恐惧就是害怕行动、害怕认知带来的结果、害怕认知招来的危险的责任。一般情况下，选择不去认知，才是最佳策略。这是因为，一旦你知道了，就必须得做点什么，并且承担相应的风险。这个概念有点不好理解，打个比方吧，就好像有人说："我讨厌吃牡蛎，这真是件好事。因为要是我喜欢它们的话，我就会去吃，可是我讨厌吃那种恶心的东西。"

对于居住在达豪①附近的德国人来说，不去打听集中营里那些事，装作什么都不知道、什么都没有发生的样子，这样做自然是最安全的。因为一旦了解了真相，他们就要面对两种结果，一种是觉得自己有义务做点什么事，另一种是因自己的懦弱而心生愧疚。

数百年来，很多哲学家和心理学理论家都持有这样一种极端的观点，就是认为，一切认知需求都是由焦虑引起的，认知需求之所以存在，只是为了减轻焦虑。以我们目前了解到的关于焦虑和认知的知识，已经足以反驳上述观点了。从表面上来看，上述观点好像是合理的，但通过现在的动物和儿童实验，我们得出的结果是，很多时候，焦虑会摧毁好奇心和探知欲，它们之间是不能相容的，特别是在重度焦虑的情况下。从本质上来说，我们的实验结果与上述观点是对立的。在安全和不焦虑的情况下呈现出来的认知需求，才是最清晰的。

很明显，想要更深刻地理解认知需求，我们就要在思考时，把认知需求与认知恐惧、焦虑、安全需求联系在一起。

---

①达豪（Dachau）：城市名，位于德国的巴伐利亚自由州。在达豪市附近，有一座达豪集中营，它是纳粹德国的三大中心集中营之一，也是其最早建立的集中营，始建于1933年3月。——译注

我们到最后会发现一种辩证关系、一种恐惧与胆量之间的对抗。令恐惧感加深的心理，还有某些社会原因，这些都会让我们的认知动力减弱。同理，能够令胆量增强的原因，还有自由的条件，这些都会让我们的认知需求获得释放。

害怕优秀的自己

我们都有这样的强烈渴望，就是希望自己变得更好，能把自身潜力充分地发挥出来，达到理想的境界。既然如此，我们为什么会陷入停滞，不再继续发展了呢？阻止我们继续发展的障碍是什么呢？今天我们就来说说"约拿情结①"，一种还没有得到充分重视的、阻碍成长的自我防御。

一开始，我在笔记中把这种防御叫作"害怕优秀的自

①约拿情结：这个概念的提出者是我的朋友，弗兰克·曼纽尔（Frank Manuel）教授。关于这个复杂的难题，我曾和他一起探讨过。——原注

约拿：《圣经·旧约》中的一位以色列先知，他渴望得到神的差遣，但当神交给他一项任务时，他却半路逃跑，不想去执行任务了。因为神交给他的任务是去传达神的旨意，赦免亚述首都尼尼微城的人民。约拿认为，尼尼微人犯了罪，被毁灭是理所当然的，为什么要赦免他们呢？后来，神惩罚了约拿，令他被一条大鱼吞入腹中。约拿最终悔悟，完成了神交给他的任务。所以，约拿也代表那些渴望成长，但又因为某些内心阻碍而害怕成长的人。——译注

己""逃避自身命运""避开自己的最高天赋"。我认为，我们惧怕最极致的恶，同样地，我们也惧怕最崇高的善，只不过在表现方式上，二者之间有一定的差别。在这个问题上，我曾打算坦白且旗帜鲜明地指出，我的观点与弗洛伊德的观点是不一样的。

比起那个现实中的自己，我们中的大多数其实可以做得更好。我们的潜能并没有被完全发掘出来。事实上，对于我们与生俱来的命运、使命、事业，很多人都抱着逃避的态度，就像约拿企图逃避自身的命运，结果却白费力气一样。就像我们惧怕最坏的可能性那样，我们也惧怕最好的可能性。对于我们在巅峰时刻、在最好的环境中、在最勇敢的状态下的模样，我们通常是感到畏惧的。在巅峰时刻，我们身上会展现出一种类似神的潜能，我们对此表示赞叹。但与此同时，我们也对这种可能性心存敬畏，感到怯懦，甚至瑟瑟发抖。

证明上述问题一点也不难，以我的那些学生为例，当我问他们："你们当中的哪个人能创作出最了不起的美国小说？哪个人能当上参议院、州长、总统或联合国秘书长？

哪个人能成为杰出的作曲家？哪个人希望成为像施韦泽①那样的圣贤？哪个人想当伟大的领导者？"很多时候，面对这种问题，他们会傻笑，一副羞涩、忐忑的模样。我继而又问他们："如果你不想做的话，那该由谁来做呢？"伟人总要有人来做，你不做的话，自然就得由别人来做，那个人是谁呢？这是真理。

我试着用同样的方法，去鼓励我的毕业生们追求这些更高的理想："你们的内心应该有创作不朽著作的计划吧，那个计划具体是怎样的？"面对这个问题，他们往往感到很不好意思，结结巴巴地说不出话来，甚至想找机会躲开。

可是，我问那些问题很正常，不是吗？他们都是心理学方面的学者，要是他们不写心理学方面的著作，又有谁会写呢？

于是，我接着问道："你没有做心理学家的计划吗？"

学生的答案是："当然有。"

我说："你学习心理学方面的知识，是为了做一名缄口不言的，或者表现不积极的心理学家吗？那对你有益处吗？

①阿尔贝特·施韦泽（Albert Schweitzer，1875–1965），德国人，哲学家、神学家、社会活动家、人道主义者、医生、管风琴演奏家、诺贝尔和平奖获得者（1952年），20世纪成就斐然的伟人。——译注

想要达成自我实现，不应该走那条路，那是不对的。你的目标应该是成为顶流的心理学家。你应该竭尽所能，力求做心理学家中最棒的那一个。如果你总是瞻前顾后，只想退而求其次，那么我要提醒你，在今后的人生中，你会感到深切的悲哀。对于你自身的能力和可能性，你会采取逃避的态度。"

不敢面对他人的优秀

　　对于自身最好的可能性，我们的内心是挣扎的。对于别人最好的可能性，我们的内心同样是挣扎的。在我看来，这是一种常见而持续的现象，这种冲突和矛盾心理的产生是一种必然。

　　对于那些忠诚、纯粹、高尚、杰出的人，还有那些圣人，我们自然心生敬慕。然而，如果洞察人性的底层，你就会发现，其实很多时候，对于那些特别高尚纯洁的人，我们的情感是复杂的、抱有敌意的。对于那些容貌非凡的女人和男人，对于了不起的创始人，对于自身的智力天赋，我们也是这个态度，难道不是吗？即使不是心理学方面的专家，你也能发现这种现象，它就是我们所说的"对抗评价"。只要有些许历史知识的人，就会在其中发现很多案例。我甚至敢说，在所有人类史中都能发现这种现象。

对于那些展现出真、善、美的人，展现出公平和完善的人，还有那些获得了成功的人，我们心生敬慕，这毋庸置疑。可与此同时，我们的内心也感到忐忑、焦躁、疑惑，感到艳羡和嫉妒，还有些许自卑和惭愧。很多时候，在他们面前，我们的自信心、自制力、自我尊重，全都不见了。

对于这种现象，我的感觉是：不管那些成就非凡的人是否有震慑我们的想法，只要他们出现在我们面前，想到他们的崇高和卓越，我们就会感到自己有多微不足道。假如他们对我们产生这种影响只是出于下意识的，而我们又搞不清楚当他们出现在我们面前时，我们为什么会感到自己微不足道，为什么会感到自己很卑微，那么我们就会很自然地用主观上的想法来应对。这导致的结果就是，我们觉得自己就像靶子一样，被他们极力打击。这样看来，我们的敌意好像也在情理之中了。如果能意识到，并且能分析和评估这种惧怕和敌对态度，那么我们内心的敌意大概率就会消失了。我据此也想做出这样的推论：如果你能单纯地欣赏和喜欢别人的最高价值，那么对于你自己身上那些同样的价值，你的恐惧感可能会减轻，甚至消失。

与上述问题相关联的，是我们在面对崇高的事物和极致的善时，经常会产生的敬畏心理。需要特别指出的是，我认为这种敬畏心理并非疾病，也并非不能医治。它是来自内部的、有缘由的，也是对的、恰当的。

敬畏和惧怕并非只有消极的一面，从另一个角度来看，它其实也是符合我们需要的，能助我们登上快乐顶峰的。至于如何实现这一点，我们不妨参考弗洛伊德提出的观点，即有自觉的意识、看透各种事物、付出切实的行动。我们要对自身的顶级能力抱有接纳的态度，向自身那些被隐藏或回避的伟大、善良、智慧以及天赋迈进。据我所知，这是我们实现目标的最佳途径。

高峰体验总是转瞬即逝，为什么会这样呢？当我试着弄清楚这个问题时，我意外地得到了一个重要启发。我距离正确答案越来越近了。我们之所以不能承载太多东西，原因在于我们还没有那么坚强。高峰体验产生的冲击力太强了，对我们来说，那种消耗太大了。所以，登上快乐顶峰的时候，很多人的反应是"太多了""我承受不住了""我差不多快要死了"。长时间地享受那种狂乱的幸福，这的确不现实。我们的身心还不够强大，所以承受不住过多崇高的东西。

处于顶峰的情绪不会长时间地存续，不过，存在认知[①]却可以。

上述内容是否有助于我们搞清楚什么是约拿情结呢？从某种程度上来说，约拿情结是一种害怕被撕开的感受。我们害怕失去控制的能力，害怕垮塌，害怕崩溃，也害怕因那种感觉而丢掉性命。这种害怕不无道理。当崇高的情绪来袭，我们最终还是会被压垮。

---

①存在认知：即对于他人或其他事物存在的认知，它是一种经深思而获得的清晰认知，特别是那种超越性的、顿悟性的认知。——译注

不敢"妄想"

在研究不能达到自我实现的原因时，我发现了属于约拿情结的另一种心理活动，那就是，惧怕妄想也会触发逃避成长这种防御机制。很多文学作品中都提到过这个问题。对此，希腊人的看法是"惧怕自高自大"。妄想，也被称为"有罪的傲慢"，这个关于人的问题的讨论，自然会长久地持续下去。

"没错，我的愿望是当一位伟大的哲学家。我要对柏拉图进行修正，我还要超越他。"如果有人这样对自己说话，那么早晚有一天，他会被自己的狂妄自大吓到。尤其当他在脆弱的时候，他会问自己："谁？我吗？"与此同时，他会觉得这种想法简直太疯狂了，甚至害怕自己成为极端的妄想者。在与柏拉图进行比较时，他看到的是柏拉图那些光芒四射、完美无缺的地方，而看自己时，看到的是自己的薄弱之处、不足之处和犹豫不决。这样比较的话，认为自己过于狂妄，自以为了不起，也就可以理解了。他没有想到的是，柏拉图在自我反省时也那么想过，不同的是，柏拉图最终向前迈进，摆脱了自我怀疑。

事实上，很多行为都是对骄傲和有罪的自视甚高的防御。这里所说的很多行为，包括逃避自身的成长，只制定较低的目标，不敢做自己能力范围内的事情，情愿降低对自己的评价、伪装成愚笨的样子，以及蒙骗他人的谦虚和卑微。

有的人没办法使谦虚和骄傲保持均衡，但是要想从事创造性的工作，必须令二者保持均衡。很多研究者提出了一种观点，他们认为"在创造中应该有傲慢的态度"，对于发明创造来说，这一点必不可少。不过，光有傲慢，没有谦虚，这样是不行的，因为那无异于妄想。你一定要认识到，你有可能成为像神那样的人，但与此同时，你也要认识到，作为一个人来讲，你所能达到的高度只能被限制在一定的范围内。你一定要去讽刺所有的自以为是，包括你自己的，也包括别人的。

如果对于毛毛虫希望成为神这件事，你觉得很有意思，那么你或许也会带着满腔的光荣感和成就感去试试。至于这是不是妄想，能不能遭到别人的讥讽，你对此不会有所顾虑。这个方法很不错。

像上面那种不错的方法，我还能提供一个。对于这种方法的具体应用，阿道司·赫胥黎（Aldous Huxley）做得最好。他是一个伟大的人，这毋庸置疑，而且他能接纳自身的天赋，并使那些天赋充分发挥作用。对一切特别有意思和让人着迷的事，他总是抱有强烈的好奇心。对罕见的事物，他总是连连赞叹，就像个小青年似的。他总说："太奇妙了！太奇妙了！"观察外部事物时，他视野宽广，心存敬畏，深深着迷，单纯中不含羞涩和惭愧。他有这种表现，说明他是谦虚的，他承认自身的微不足道。在此基础上，去完成自己预定的重要目标时，他不会感情用事，也毫不惧怕。

06 | 人自身的内部协调

身心相关性

虐待狂、受虐狂、性变态者、患有神经症的人、患有精神病的人、自杀的人，他们做出的选择与健康的人做出的选择不一样，对此，我们该如何解释呢？在动物实验中，肾上腺被切除的动物与正常动物，二者做出的选择是不一样的。在解决上面那个难题时，我们可不可以把它跟动物实验中的情况做类比呢？

我认为，这个问题并不是不能解决的。我们不能避开它，或者忽略它，只能去面对它，处理它。借助于神经学的自我刺激技术，我们正在尝试证明，谋杀犯、虐待狂、变态狂、有恋物癖的人，他们认为的快乐，与奥尔兹①或卡米亚②所做的实验中表现出的快乐，二者在意义上是不同的。

事实上，在神经症或非正常状态下的快乐当中，潜藏着许多忧虑、痛楚、畏惧。这一点，我们是从某些人身上发现的——这些人在主观上认为自己体验过不健康状态下的快乐，也体验过健康状态下的快乐。总有报告显示，他们讨厌不健康状态下的快乐，相比之下，他们情愿去体验健康状态下的快乐。柯林·威尔森（Colin Wilson）明确地证实了，在实施性犯罪时，犯罪者的性活动反应并不激烈，只是稍微有一点。柯肯达尔（Kirkendall）也证实，人们在主观上认为，彼此有爱意的性行为，要胜过彼此没有爱意的性行为。

不同于以往，现在的人更趋向于获得健康、成长以及生物学上的胜利。这通常与专制和控制对立。可以确定，我们所说的健康的人，他们喜欢的是自由随性，而不是受控制。我不禁重新认真地思考道家思想。我们已经学会了不干涉、不控制，就像当代生物学和行为学的研究结果所显示的那

①詹姆斯·奥尔兹（James Olds，1922-1976），美国心理学家。他通过在小白鼠脑部植入电极的实验，找到了小白鼠脑中的"快乐"中枢。——译注
②乔·卡米亚（Joe Kamiya），出生于1925年，美国生理心理学家。他曾研究过脑电波的反馈，并做过相关实验。——译注

样。不仅如此，对于人类来说，这还有另一层意义，就是对于孩子主动追求成长和自我实现的冲动，我们要抱有更信赖的态度。这更注重的是自发性和自律性，而不是靠推测和来自外界的控制。

假设我们把人看成是一种有智慧的生物，结果会怎样呢？假设我们对人更有信心，把人看成是能够自主的、能够自我管理的、能够自我选择的，那么我们就一定要把人转变成道家式的模样，不只是科学家，还有医生、老师，乃至父母，都应如此。在我的脑海中，道家式的模样，是一个能从多方面概括描述人本主义科学家的词汇。所谓"道家式的"，意思就是去提出问题，而不是去解答问题。它表示的是不去干涉和控制。它侧重的是在不受干涉的情况下进行的观察，而不是在控制之下进行的操控。它是接纳的、被动的，而不是强迫的、主动的。举例来说，假设你想了解鸭子，那你最好向鸭子提出问题，而不是把答案告诉鸭子。在对待孩子的时候，我们也应该这样。如果我们想知道"怎样才是对孩子最有利的"，那么想办法让他们自己主动把答案说出来，才是最佳策略。

站在心理治疗师的角度来看，诸如想死、期望受虐、让自己受挫、主动去找痛苦来尝这些状态，的确是存在的。我们已经学会假设这些状态是病态。一个人如果亲自尝试过不健康的状态，那么为了摆脱痛苦，他会愿意去尝试相对来说更健康的状态。对于上面说的那些病态，一些人已经有了更深刻的认识，他们认为，那是一种对健康的探索，只是这种探索很愚笨，没有效果。

内部信号

在一些研究中，我们不可避免地要考虑到两个潜在的因素，其一是生物因素，其二是体质因素，这些研究包括同一性、真实的自我、成长、揭示疗法、完满人性、人性萎缩、自我超越等。我们得了解一个人的自身同一性等情况，才有可能帮他逐步实现完满人性。这项工作的几个关键点包括：他是什么？考虑生物学、气质以及体质这些因素，作为人类这个群体当中的一个，他是什么样的？他有哪些能力？他渴望得到什么？他需要什么？他的使命是什么？他适合做哪些事？他的命运如何？

在以上那些自我意识中，我们一定要认识到自身内部的生物学现象，认识到我所说的"似本能"，认识到自身的动物本性和种属特性。像这种帮一个人意识到自身的动物本能、紧张、抑郁、焦虑、需求、品位的工作，属于精神分析领域的研究课题。霍妮之所以要分辨真实的自我和虚假的自我，就是为了实现这个目标。想要知道自己到底是什么，得从了解自身体质、能力、种属特性开始，先从主观上对自己做出一定的判断。

我认为，在个人发展的最高层次和超越自身个性这些问题上，上述方法同样适用。一个人最崇高的价值观具有似本能的特征。在这个问题上，我认为自己为大众接纳这个观点贡献了一个值得效仿的例子。我把那种理想的生活叫作精神生活，或者哲学生活。依我之见，这种个人发现的价值论可以被划分到"个人自身似本能本性的现象学""主体的生物学""经验生物学"等范围内。

在理论和科学研究方面，这种人性程度或量度的单一连续系统具有多么不寻常的意义，这一点值得思考。那些引起精神病学家和治疗师探讨的各类疾病，还有让存在主义者、哲学家、社会改革家感到困扰的所有问题，其实都在上述连续系统当中。此外，各种程度和种类的健康，自我超越的、神奇而隐秘融合的"健康之外的健康"，更高层次人性出现的可能性，这些目前已知的问题，同样可以用相同的标准衡量。

对我来说，用以上方式思考有一个特别的好处，那就是，它可以使我把关注点转移到另一个问题上。一开始，我把这个问题称为"冲动之声"，但是现在，我认为把它称为"内部信号"（或者内部暗示、刺激）更合适。在大部分患神经症的人身上，或者存在其他身心障碍的人身上，只有微弱的内部信号，甚至完全没有内部信号（重度强迫症患者就是这样），这些人无法"听"见或者被"听"见。

在一些极端的案例中，我们会发现，有些人形同僵尸。在体验感上，他们都是极度空虚的。这些人若想恢复自我，就一定要想办法恢复自身能力，以达到重新拥有内部信号、重新认知内部信号的目的。他们要搞清楚一些问题，比如自己喜欢什么人或事物，不喜欢什么人或事物，什么是快乐的，什么是不快乐的，什么时候应该吃饭、睡觉、如厕等。

当缺少内部指令，或者真实自我的声音微弱时，内心空虚的人只能被迫寻求外界指令，比如，一个人不是因为饿了才吃饭，而是因为到了吃饭的时间才吃饭。他的生活依赖于这些指令：制度、钟表、日历、行程表、别人的提醒或暗示。

自律与同律

关于自律与同律之间存在的复杂关系，这是我们在研究内部与外部、自我与世界之间的关系时，要面对的又一个难题。在这个问题上，安吉亚尔[①]认为，在我们的内部，有自私和无私这两种主要倾向，或者说需求。对此，我们不难表示认同。

就自律倾向本身来说，它指引我们走向自我满足，使我们更具打败世界的能量。根据它自身的准则和内部驱动力，同时也根据内心源头上最根本的准则，而不是环境的准则，

[①]安德拉斯·安吉亚尔（Andras Angyal，1902–1960），出生于匈牙利。美国心理学家、心理治疗师。早期曾从事认知理论的研究，后期主要从事精神分裂症的研究。主要著作有《人格基础》《神经症与其疗法：一种整体论》等。——译注

我们向着更好的、更独一无二的自我不断前进。这里所说的内心准则，与外界现实中的、不属于内心准则的准则并不是一回事，二者是隔开的，甚至可以说是对立的。由于成长和自我实现方面的心理学家的工作，我们对这种自身同一性或自我（这里指的是个人特征和自我实现）的探求过程，变得越来越清楚了。至于存在主义者和众多学派的神学家做所的工作，就更是如此了。

但与此同时，我们也发现了一种同样猛烈的、看似矛盾的病态倾向，那就是，我们不再坚持自我、自我满足、自我控制、自由、自律，而是任由非我压过自我。这种病态倾向使我们变得注重血统、故乡以及与生俱来的浪漫主义，也使我们变得喜欢被虐待，蔑视人类，在寻求价值时，把目光放在不属于人类的事物上，或者最低等的动物身上。

达到顶级的同律状态，意味着达到顶级的自主。从某种程度上来看，将上述二者反过来说，也同样成立。也就是说，一个人想要达到顶级的自主，就必须有真正的同律这种经验。这里所说的经验，包括儿童时期产生的依赖、存在之爱、关爱他人等。在这里，我们要知道"低同律"与"高同律"之间的差别是什么。低级同律的表现是害怕、怯懦、退行，而高级同律的表现是勇敢，还有对自身彻底信任的那种自主。

我打算重点说一说，高度自律和低度自律之间的差别是什么。这样一来，我们才能更好地了解内部与外部之间有哪些相同之处，让自己与世界之间的沟通变得更顺畅。

在情感上感到安全的人与在情感上感到不安全的人，二者在自律方面的表现是不一样的。以下说法虽然是大体上的，但我们不能否定其准确性：不安全的自律和力量，会强化与世界进行斗争的人格。这种与世界进行的斗争，发生在一种二分法的环境当中——不是这样，就是那样。在此过程中，这样和那样既完全分立，又如敌人般互斥。这种不安全的自律和力量，就是我们所说的自私。如果世界上有两种角色，一种是锤子，另一种是砧板，那么上面所说的那种人就是锤子。

在研究"力量"有哪些不同的特性时，一开始，我的研究对象是猿猴，对于上面那种占领导地位的现象，我把它叫作专治式的领导，或者法西斯式的领导。后来，我的研究对象换成了大学生，于是我把上面那种叫法换成了不安全的高支配。至于安全的高支配，它与不安全的高支配全然不同。处于安全的高支配状态下的人，不管是对世界，还是对别人，都抱有感情；他们有责任感，就如同兄长那样；他们不反抗世界，也不害怕世界，而是信赖世界、认可世界；他们所具有的力量上的优势，其目的在于快乐、爱、为他人提供帮助。

在各种理由的支持下，目前我们可以说，上面所说的那些差别，表明了心理上健康与心理上不健康的自律之间，还有心理上健康与心理上不健康的同律之间，都是存在差异的。此外，上述差别也使我们发现，自律与同律并不是彼此对立，而是彼此关联的。之所以这样说，是因为在一个人向健康和真实的方向不断成长的过程中，高自律和高同律也同时出现，并随之共同成长，直至彻底达到融合，成为自律和同律二者兼容的、更完美的融合体。许多二分法会慢慢消失不见，与此同时，它们会被看成是未成熟的、未完善发展的附产物。这里所说的许多二分法，包括自律和同律、自私和无私、自我和非我、纯粹的内心和外界的现实等。

理性与非理性

对梦和幻想的研究，还有对神经症的成因的研究，是我们了解初级心理学过程的开端，在这之后，又多了对精神病和精神异常的成因的研究。通过这些研究，相关知识才逐渐摆脱污名，不再被视为精神异常的、非理性的、不成熟的、原始性的。这个过程的进展是极为缓慢的。直到近期，当我们把各类研究综合在一起时，我们才意识到，而且是充分意识到，人人都可以同时是诗人和工程师，同时是孩子和大人，兼有男性特质和女性特质，兼具理性和非理性，同时在精神世界和自然世界中生活。

我们会逐渐意识到，当整天只为彻底的理性、逻辑、实际、负责这些东西而竭力挣扎时，我们失去了什么东西。直到这时候，我们才真正相信，只有在两个层面同时都做到游刃有余的人，才能算是完整的、全面发展的、完全成熟的人。

有的人抹黑了人天性中的无意识层面，将其视为不健康的、病态的。现在看来，这已经是陈旧的观点了。起初，弗洛伊德也持有这种观点，不过，如今的我们已经放弃了它。现在我们的观点是，在各个层面都能做到游刃有余，这才算是完全的健康。在我们看来，人天性中的无意识层面，它不再是恶的，也不是善的；它不再是低级的，也不是高级的；它不再是自私的，也不是无私的；它不再是野蛮的，也不是文明的。我们再也不以二分法来分人了，比如把人分成穴居人和文明人，或者坏蛋和圣贤。以现在的眼光来看，这种二分法和非此即彼的观点，都是没有道理的。在这种分裂的二分法下，病态的"此"和病态的"彼"出现了——这里的此和彼，指的是意识和无意识，或者理性和冲动。

理性也有可能是严重病态的。据我所知，有这样一个可悲的人，他是专门研究古代历史的。他发了一笔大财，他把这完全归因于自己背下了整部《剑桥古代史》，包括里面所有的日期和名字。这个人多可悲呀！另一个例子是欧·亨利笔下的一个故事，说的是有个人认为上学太费事了，又因为所有的知识都在百科全书里，于是他就决定把整部百科全书都背下来，按照字母表的顺序。以上这两个例子，说的都是病态的理性。

当我们能做到超越和解决这种二分法，将二者合而为一，让人恢复本来的样子，比如健康的孩子或大人，特别是具有创造性的人，这时候，我们就会发现，进行分裂式二分法的这个过程本身就是一种病态。只有发现了这一点，人内心的斗争才有停止的可能性。

这种情况，就是我所说的自我实现，它恰好在某些人身上出现了。出现这种情况的人，是心理健康的人，这是对他们最概括的表述。就是从这些人身上，我们发现了自我实现的过程。选择所有人当中最健康的1%，或者从那1%里再挑一小部分人来进行观察，我们就会发现，纵观这些人的整个人生，他们有时候是因为心理治疗而受益的，有时候不是。他们能将两个世界合而为一，也能自由自在地同时生活在两个世界当中。

过去，在描述健康的人时，我的用词是"带有一种健康的幼稚"。我找不出比这更恰当的词，因为在大部分情况下，幼稚意味着与成熟对立。我认为，在生活中的很多时候，最成熟的人也是幼稚的。这听起来似乎有点矛盾，但其实并不矛盾。以参加聚会这种事为例，最成熟的人也是最擅长玩乐的人。我这样表达，你们理解起来可能更容易些。这些人能很随意地回到孩子的状态，跟孩子亲密无间，一同玩乐。大多数时候，孩子喜欢跟他们待在一起。我觉得这很正常。这种退行如果不是出于自愿，那是很危险的，但如果是出于自愿，那标志着这个人是健康的。

如何让自身的两性气质达到和谐

如何才能让男性和女性之间的关系更和谐呢？在这个问题上，心理学家有什么好办法吗？对此，荣格提出了一个清晰的、能被广泛接纳的、心理上的对策。他认为，从很大程度上来说，男女之间的性别对立，反映出了在无意识状态下，个体内部的男性化成分与女性化成分在斗争。所以，只有个体内部达到协调，两性之间才有可能达到协调。

很多时候，一个身上有女性气质的男人，会在个人思想、行为以及身处的文化概念中，为自己身上的那些气质进行抗争，特别是当他身处的文化环境对男性气质更注重时，这种表现更为突出。如果在人们眼中，女人的气质指的是感情丰富、欠缺逻辑、喜欢依附于他人、以温和的态度对待孩子，那么一个有上述特性的男人，就会害怕自己身上那些特性。与此同时，他会极力抵抗那些特性，以期成为一个截然相反的人。与外界接触时，他的抵抗方式是拒绝自身的那些特征，或者把它们全都转嫁到女人身上，诸如此类。当一个男同性恋试图引诱另一个男人，或与之攀谈时，他往往会被对方狠揍一顿。被引诱的男人之所以动手，极有可能是因为，对方的引诱使他感到害怕。我们之所以得出这个结论，是有事实依据的。事实就是，很多时候，动手打人这种现象是在同性恋行为之后出现的。

上面所说的情况，体现出了一种极度的二分化，也体现出了亚里士多德"非此即彼"的思想。在戈德斯坦、阿德勒、科日布斯基等人看来，这种思想存在极大的风险。对于这个问题，我提出了一个心理学上的观点，那就是，二分化是病态化的表现，同样地，一个呈现出病态的人，也会以二分法来思考和行动。

如果一个男人认为，你并非一个真正意义上的男人，而只是个女人，除此之外，你什么都不是，那么这个男人势必要与自己进行斗争，而且将恒久地远离女人。一个人在认识上的深刻程度，决定了他自我整合的程度，也决定了他接纳、享受自己内心"女性"（比如荣格所说的"阿尼玛"）那一面的程度。这里所说的认识，包括以下几方面，即人在心理上可以存在"两性体"；非此即彼这个概念太武断，也太两极分化了，造成这种病态思想的原因，其本质是什么；有分别的东西其实无须互相排斥，也无须彼此对立，它们是可以融合在一起，并成为一种新型构造的。

如果一个男人能与自己内心的女性气质和平共处，那么在现实中与女性交往时，他与她们之间的关系也会变得更融洽。与她们相比，他自己身上的那部分女性气质更出色，由于他发现了这一点，所以在与她们相处时，他的内心不那么挣扎了，他对她们的理解更深了，乃至对她们的赞赏也更多了。面对一个令你感到害怕、痛恨，或者看不透的敌人，你无法与之好好相处，但换作一个你能理解和赞赏的人，你与对方是能够好好相处的，这一点确定无疑。假如你想实现与外界某部分友好往来，那么最佳策略是，先在自己的内心跟那部分友好往来。

我认为上面所说的两个过程不分先后，并不是一个非得在另一个前面。比如以另一种方式开启它们也可以，就是先接纳外界的X，再试着接纳自己内心的同一个X。这时候，前者能为后者提供帮助。

07 | 个体与外界环境之间的协调

良好的环境可促进人性发展，但不能阻止人作恶

对于绝大部分人的发展来说，良好的条件能起到促进作用，但对于某一小部分人来说，良好的条件反而会起到不好的作用，甚至引发灾难。举例来说，如果一个独裁者拥有自由和他人的信赖，那么在这种助力下，他的恶行会愈演愈烈。对于有依赖性和生性被动的人来说，自由、宽容、责任，这些东西是让人感到焦躁或畏惧的。

如果诱导那些有心理疾病的人去偷东西，那么他们当中会有很多人那么干。不过，由于长期被人格外注意，偷东西这种事基本没法钻入意识，所以他们自己可能意识不到它。如果有一天，银行不再受到任何监控，受雇于银行的密探也全都被炒掉了，也就是说，银行开始执行"自由制度"，充分信赖职员们。那么在这种情况下，银行职员当中可能有10

个，或者20个——具体的比例是多少，我并不清楚——会产生偷盗的欲望。他们可能是有生以来头一次产生这种欲望。如果这些人自认为不会被发现，那么在偷盗欲望的引诱下，他们可能会屈服。

重点是，我们不能认为，良好的条件一定会使所有人得到成长，或者达到自我实现。某些患有神经症的人就是这样的例子。还有某些在体质或气质上比较特殊的人，也有成为这方面案例的倾向。如果一个人被充分信赖，做事只凭自己的良心，那么在这种良好的条件下，这个人身上的些许偷窃的欲望、虐待的欲望，或者其他作恶的欲望——这样的欲望基本是人人身上都有的——就会被激发出来。

1926～1927年间，我在康奈尔大学读本科。那时候，这所大学实行的是诚信制。据我估计，至少有95%的学生认为这个制度不错，并且因为这个制度而感到骄傲。对于这部分学生，诚信制是管用的。然而对其余1%～3%的学生，诚信制并不起作用。这部分学生会利用这种制度去干坏事，如抄袭、撒谎、在考试中作弊等。由此可见，在诱惑太大或者与利益切实相关的情况下，诚信制还不能普遍实行。

总的来说，人类自有一套模糊的内在本性，这种本性是玄妙且敏感的，它没有低等动物身上的本性力量那样强大和刚猛。低等动物不会质疑自身的本质，也不会探究自己喜欢什么、需要抛弃什么，从来都不会。

创造特殊条件是有必要的，这样一来，我们才能更好地探究人类的需求和本性，使人的需求和能力更好地表达出来，让这些需求更有可能实现。这里所说的特殊条件，一般分为三个方面，分别是放纵、满足以及表达。

吃什么食物才是对怀孕的白鼠最有利的呢？要想搞清楚这个问题，我们就要让白鼠有足够的自由，给它们提供各种食物，让它们任意选择。不管是食物的种类，还是进食量和进食方式，都不做限制。婴儿在什么时候断奶最合适呢？这种问题当然不能直接向婴儿提问，也无须向保守的儿科医生询问。最好的方法是，由我们来提供选择，让婴儿自行决定。我们可以把固体食物和液体食物同时放在婴儿面前，看他选哪种。如果他更倾向于固体食物，那他就能自行完成断奶。

我们也可以采用相同的方式，为孩子提供宽容、接纳、令人满意的环境，让他们自行选择什么时候需要爱，什么时候需要保护，什么时候需要尊重，什么时候需要控制。从长远的眼光来看，这种环境是最有利于心理治疗的。也许这也是我们唯一最有可能做到的。我们发现，在人际交往当中，给予人更多的可能性和自主选择权，这对人非常有好处。举例来说，我们可以让收容所里的女孩自由选择跟谁同住一间房，让学生自由选择上什么课、让哪个老师来教，甚至可以让飞行机组自由选择成员，等等。

需要注意的是，对于我们的实验来说，放纵也许是最佳条件，但就放纵本身来说，它也许未必能教会我们理解别人，也未必能让我们知道别人目前和以后可能会有什么需求。

站在追求自我实现或健康人格的角度来看，良好的条件能为健康人格提供必需的原料，也能让人表达出自己的需求，做出自由的选择。这在理论上是可能的。但是千万别忘了，很多时候，人会陷入犹豫，不能及时做出选择。此外，人还会顾虑别人和别人的需求。

社会协同作用对人性的影响

在高协同社会中，对于神、鬼怪以及所有超自然的存在，人们的印象全都是慈爱的、友善的、愿意帮助人的。而在低协同社会中，人们对那些的印象都是狠毒的、可怕的。

大概在1940年时，我在布鲁克林学院（Brooklyn College）做过一项非正式的问卷测试。接受测试的是数十个有宗教信仰的年轻人，我把他们分成两类，一类是有安全感的，另一类是没有安全感的。我提出的问题是：如果你睡醒后，感觉到房间里有一位神，或者那位神正在盯着你看，你的感觉会是怎样的？前者的回答是，他会感到被抚慰，被保护；而后者的回答是，他会感到害怕。

把视野扩大到安全和不安全的社会中时，你会发现，与上面类似的现象同样存在。在西方人眼中，愤怒报仇的神与

145

仁慈友爱的神，二者是彼此对立的。由此可见，我们的信仰中既有安全的思想，又有不安全的思想。在不安全的社会中，很多时候，有信仰权力的人会为一己私欲而以权谋私；而在安全社会中，有信仰权力的人会为全社会谋福祉，把权力用在祈求降雨或丰收上。

在研究时对比以上心理用意或现象，可以使我们分清很多问题，比如人们的祈福方式、领导方式、家庭关系、两性关系、性发展的阶段、亲情和友情中的情感联系等。对这些有一定印象后，你就可以沿着这条思路接着往下想，想到在两种不同的社会中，你分别会产生什么样的愿望。

在这里，我还想补充一点。对于这一点，西方人可能会感到有些意外。我想补充的是，洗刷耻辱的办法在任何高协同社会中都存在，但在低协同社会中却不存在。低协同社会中充斥着耻辱、困窘、痛苦，这是必然的。在本尼迪克特①所说的四种不安全社会中，耻辱会永远朝着严重的方向发展；而在安全社会中，洗刷耻辱的办法一定会被发现，你会还清自己所欠的，彻底摆脱负债。

---

①鲁思·本尼迪克特（Ruth Benedict，1887–1948），美国当代著名文化人类学家。她的代表作有《文化模式》（*Patterns of Culture*）和《菊与刀》（*The Chrysanthemum and the Sword*）。——译注

读到此处，你肯定会联想到我们自己身处的社会。在我们身处的社会中，高协同机制和低协同机制是同时存在的。举例来说，在我们的慈善事业中能看到相当多的高协同，但在很多其他文化环境中，却并没有这种情况。我们身处的社会是美好的、安全的，这在文化上的体现是，我们特别慷慨大方。此外，在一些社会机制的作用下，我们也会有竞争和敌对的情况出现。这显而易见。因为资源是有限的，所以我们只能硬着头皮不停地去争夺、去吵架。这就如同一场结果只能是一方获胜、另一方落败的零和游戏。

我们可以举一个常见的小例子，来对上述情况加以说明。这个例子就是多数大学采用的评分制度，特别是以曲线分布为基础的评分制度。我自己就面临过这种境况，我和我的那些哥们儿显然处于不同的立场。我们是彼此的竞争对手，他们占优势，我的利益就会受到损害。假如我的名字的首字母是Z，评分按从A到Z的顺序进行，能得A的人数只有6个，那么我希望的一定是，排在我前面的人得到低分，因为这对我来说是有利的。每当别人得到一个A，我得到A的概率就降低了，这对我来说是不利的，所以我会说："赶紧去死吧。"这是顺理成章的。

低协同与高协同

首先要说的是认同。在个人身上，或者两个人之间的关系上，也能看到协同。对于深爱关系，即我曾写过的存在之爱，协同也能给出良好的定义。爱的定义有很多，比如你的利益也是我的利益，双方的基本需求结合在一起，你长鸡眼我感觉自己的脚也不舒服，你开心我才开心，这些都属于爱。像这样的认同，潜藏在大部分关于爱的定义当中。但是，这与高协同也很相似，就是说，在处理双方的关系时，他们采取了某种方式，这种方式能使双方共同受益，而不是一人受益，另一人受害。

近来，一些研究者把目光放在了英美两国底层人的性生活和家庭生活上，研究者从中发现了一种关系，他们把这种关系称为剥削性关系。很明显，这种关系体现出的是低协同。在那些研究对象中，最常见的问题是谁说了算，谁爱谁更多一些。关于后者，他们的结论是，爱得更多的一方是失败的一方，或者肯定会受伤，诸如此类。以上都是低协同的观点，其中暗含的意思是，资源并非无限，而是有限的。

我的看法是，追溯认同这个概念的源头，它不只是弗洛伊德和阿德勒提出的，还有别人。以此为基础，我们可以对认同的概念进行拓展。也许爱的定义可以是这样的，它是自我、个人以及身份认同的延伸。与家人或者关系亲密的人相处时，我们就会有这种感受。特别是与柔弱的小孩相处时，看到小孩整晚都在咳嗽时，你宁愿那个咳嗽的人是自己。咳嗽使你感到难受，但小孩咳嗽使你更难受。你的身体比小孩强健，所以你觉得，还是自己咳嗽更合适。这明显体现出了两个人心理皮肤的融合。在我看来，这是认同概念的另一个方面。

其次要说的是自私与无私这种二分法的融合。探讨这个问题时，本尼迪克特好像总在一个线性的连续体中，在两极对立中，在自私与无私的二分法中。所以我在这个问题上本想越过她，但我又发现，其实在她的思想中，也暗含着对这种二分法的超越。从严格的格式塔意义上来说，她的这种超越开创了高级的融合。这种高级的融合证明了，一种东西之所以看似具有二重性，其实只是因为它尚未发展到融合阶段。

不管你怎么称呼一些人，称他们为高度发展的人也好，精神健康的人也好，自我实现的人也好，你都会发现，在某些方面，他们表现得特别无私，但在另一些方面，他们却表现得极度自私。如果你读过弗洛姆对健康的自私和不健康的自私的论述，也知道阿德勒对社会情感的定义，那么你就会理解我所说的。在某种原因的影响下，两极对立、二分法、一方强另一方就会弱的这些设想早晚有一天会消失。在双方融合后，会有一种独立的概念出现。至于这个概念该被命名为什么，我目前还无法确定。站在这个角度上来看，高协同意味着对二分法的超越，也意味着把对立转化为一个单独的概念。

最后要说的是对认知和意动进行整合。我发现，在理解个人内部的心理动力时，协同的概念可以发挥作用。它发挥的作用有时是显而易见的。举例来说，我们可以将个人内部的整合视为高协同，也可以将一般病理性的精神解离视为低协同，意思是一个人内心破碎，自己折磨自己。

研究动物和人类婴儿的自主选择时，协同理论可以被用来提高各种理论叙述的层次。在以上研究的实验中，认知和意动的协同，或者说融合，得到了体现。在以上情境中，大脑和心灵、理性和非理性，它们都用一样的语言进行表达。在激情的引导下，我们朝着睿智的方向前进。

感到焦虑或不安全的人，他们在某些情况下会趋向于产生这样的假设，即他们渴望得到的东西肯定是不好的。比如他们渴望美食，但又觉得享受美食会让人变胖。那些所谓的明智的事、对的事、该做的事，或许也是你得督促自己去做的事。你一定要强迫自己去那么做，因为很多人觉得，我们渴望得到的东西大概率是不好的、不对的，这种想法很顽固。但是，很多实验显示出的是完全相反的结果：我们渴望得到的东西，正好也是对我们有利的。至少在受试者不太差劲，选择条件也不太差劲的情况下，结果是这样。弗洛姆有句话让我记忆犹新，他说："所谓的病态，就是想得到于己不利的东西。"我想把这句话当成一个结论。

财富上的协同

本尼迪克特发现，站在经济制度的角度来看，一个社会是穷还是富，外露的、表层的因素并非关键，而"虹吸机制"和"漏斗机制"才是关键所在。所谓漏斗机制，指的是在不安全的低协同社会中，财富的分配法则。这是一种特有的社会分配，目的在于保证财富的汇聚。对于富人，给予他更多，对于穷人，从他们身上再刮走一些，也就是让富的更富，穷的更穷。而与之相对的虹吸机制，指的是在安全的高协同社会中，财富的分配法则。在这种社会中，财富呈分散的趋势。在虹吸作用下，位于低处的会把位于高处的抽吸过来。这种机制体现在财富上，就是财富常以某种方式从富人那里转移到穷人那里，而非从穷人那里转移到富人那里。

那么在财富虹吸机制的影响下，人们是如何看待富有的呢？在这里，我想说一个亲身经历过的案例。

生活在北部的黑脚印第安人，他们那里有一种叫作太阳舞的仪式，仪式中有个步骤名为"散财"。举行仪式时，部族成员聚在一起，把他们所有的帐篷围成一个很大的圆圈。部族中通过辛苦努力积攒了很多财富的富人，会把自己去年全年积攒的物品堆起来，里面包括吃的喝的、毯子和一捆捆的物品，其中有些物品还挺有意思的，比如我看见了整箱的百事可乐。

记得仪式进行到某个阶段时，有个人昂着头，大步向前，向大家炫耀自己取得的非凡成就。这是大平原印第安人历代相传的做法。那个人对大家说了一些话："我都做了哪些事，你们是了解的。你们也了解，我是个很机敏的人，是个有能力、会做事的放牧人，一个肯辛勤劳作的农民，正因如此，我才积攒了这么多财富。"说完这些，他开始把那堆东西分发给部族里的孤儿寡妇、患病的人和眼睛看不见的人。做这件事时，他神气十足，但那副派头中并不含侮辱之意。仪式结束之际，除了他自己身上那套衣服以外，其他东西都被分了出去。

这个人的做法就是协同的体现。之所以用协同，而不用自私或无私这样的词，是因为他的做法已经超越了自私和无私的二元对立。在仪式中，那个人把自己所有的东西都分了出去，与此同时，他也向人们证实了自己是怎样一个令人钦佩的男人，是怎样一个有能力、有才智、有力量的人，是怎样的勤劳大方，正因如此，他才会拥有那么多。

身处这样一个社会，我当时的感觉是很疑惑。我想把最富的人找出来，结果却发现，那个人其实什么都没有。我向当地的一个白人官员打听这件事。他说，按照登记簿上的记载，有一个蓄养马、牛、羊以及家畜数量最多的人，他应该是当地最富裕的人，名叫吉米·麦克休（Jimmy McHugh）。可是，我从当地的印第安人口中却从未听说过此人。

回到我的印第安联络人那里时，我向他们询问这个人的情况。他们面带轻蔑，耸了耸肩膀，说道："那人是个吝啬鬼。"因为那人吝啬，所以人们连承认他富裕都不愿意。

部落酋长受人爱戴，就算他什么都没有，在族人眼中，他仍是"富人"。在郑重其事的场合下，公开展示自己的大方，这样就能得到族人的尊敬和拥护。高尚的品德就是以这种方式获得回报的吧！这样的人给部落带来了幸福和暖意，部落也以他们为荣。也就是说，假如这位受人尊敬的、大方的酋长发现了一座金矿，或者得到了一笔巨大的财富，由于他特别大方，所以族人们都会认为这是一件令人开心的事。

假如这种幸事落在一个吝啬鬼头上，那就跟当今社会中，身边的朋友意外发了笔横财，我们的反应一样。这种事在当今社会中并不稀奇，面对从天而降的巨大财富，亲友之间往往会搞得跟仇人似的。遇到这种事情时，我们的嫉恨，再加上社会制度的限制，会使我们彼此之间渐行渐远，由原来的和睦变成敌对。

除了上面讲的"散财"的案例，还有一种"有仪式感地款待客人"的案例：在为数不少的部落中，富人会把所有亲戚请到家里来款待一番。类似的做法还有彼此援助、把吃的喝的分给别人、在钱财上帮助别人等。

在现代社会中，也有关于虹吸机制的案例，比如阶梯式收入和财产税。从理论上来说，富人的财富如果增长了，那么其中会有很大一部分被纳入公共财政，这样一来，所有人都会从中受益。在这里，我们先暂时认为纳入公共财政的部分会真的用在给人民增加福利上。

关于漏斗机制的案例也有很多，比如价格夸张的租金、利息很高的贷款、努力劳动、强迫劳动、对劳动力的抽剥，还有相对而言，穷人要比富人担负更多税金等。

总的来说，"散财"这类做法，就其行为自身来说，是没有意义的。我的观点是，那类做法从心理层面来说也没有意义。行为是一种心理防御机制，与此同时，它也直截了当地表现出了人们的心理活动。一方面，它隐藏了人们的动机、情感、目的、观点，另一方面，它也揭露了上述那些心理活动。所以说，光看表面可不行。这一点，目前很多心理学家还并未意识到。

两性关系的协调

　　个人的内部沟通和个人与外界的沟通，这二者间的紧密联系，通过男性气质与女性气质间的关系，可以清晰地体现出来。需要提醒一点，在这里，我用的不是"两性间"这种说法，这是因为，我认为在很大的程度上，两性间的关系是由男性或女性个人内部的男性气质和女性气质之间的关系所决定的。

　　关于在这方面最极端的案例，我能想到的是有妄想症的男性。很多时候，有妄想症的男性渴望与同性相爱，渴望被身强力壮的男性强奸或伤害，他的这种渴望是被动的。他非常厌恶自己这种强烈的欲望，无法接受它，于是竭尽全力地去压制它。他不想承认自己这种欲望，想把它从自己身上剥离掉，也想让自己能去想、去说、去关注其他有趣的事物。

为此，他选择了投射法来帮自己达成目的。他让自己认为，他没想被人强奸，是别人想对他那么做的。所以，有这种病症的人看起来疑神疑鬼，与此同时，他们会以一种最令人悲痛的、显而易见的方式体现出来。比如说，他们不允许别人出现在自己背后，总是让自己的后背贴着墙。

这种做法其实并不是令人匪夷所思的。古往今来，由于男人往往被女人所吸引，所以就认为女人等同于诱惑。对一个女人心生爱慕时，男人会变成一副温文尔雅、关怀备至、毫无私欲的模样。如果在当时的文化氛围中，上述表现被视为没有男性气概的，那么男人们就会因为女人使自己变得懦弱了，而把怒气宣泄在女人身上。为了表明女人有多恐怖，他们制造了关于参孙①和大利拉②的神话。他们选择把恶意转嫁出去，因为镜子反射出了恶，所以他们就认为是镜子的罪过。

美国的女性，特别是思想先进的、念过书的女性，她们总是在与自己内心深处的依赖、被动以及服从的趋势进行抗

---

①参孙（Samson），《圣经·旧约》中的一个男性人物，玛挪亚（Manoah）之子，具有上帝赐予的神力。——译注

②大利拉（Delilah），《圣经·旧约》中的一个女性人物，参孙的情妇。她趁参孙睡觉时剪去了他的头发，使他失去了神力。——译注

争。这是因为，对她们来说，这种无意识的东西，代表不再坚持自我或人格了。在这种思想的作用下，女性往往将男性视为隐形的领导者，或者强奸犯。在与男性接触时，她们也抱有同样的态度。出于这样或那样的原因，在大部分的文化环境中，在大部分的时代，男性和女性之间经常存在误会，他们之间的关系并没有达到真正的和谐。事实上，从过去到现在，男性和女性之间的沟通始终不够融洽。一种性别占据统治地位，另一种性别被统治，这是常态。

有时候，为了消除男性与女性之间的交叉、重合，让他们能和谐往来，人们便想办法在男人的领域和女人的领域之间做出清晰的划分，根据男性特有的气质与女性特有的气质之间的差别特别巨大这一点，来让他们彻底地各司其职。从某种程度上来说，这种做法消除了战争，但可以肯定的是，它不能带来友谊和彼此间的理解。

让我们站在创造性的角度，来看看男人和女人之间的关系。对于女人，男人一直都心存畏惧，所以男人统治女人——这种行为是无意识的。在我看来，男人这样做的原因，与人们对初级过程的惧怕的原因，二者特别相像。动力心理学家偏向于这种观点，即在大多数情况下，男人和女人之间的关系取决于一个事实——女人会令男人想到自己的无意识，这些无意识包括他们自身的女性气质、温柔、软弱等。于是，男人与女人对抗，故意降低对女人的评价，企图获得掌控权。每个人的内部都有无意识，为了取得无意识的掌控权，人们会采取各种各样的手段，男人的上述做法就是其中之一。

一方是心存畏惧的主人，另一方是心存愤恨的奴隶，在这两方之间，真正意义上的爱情是无法产生的。只有当男人的强大、自信以及整合的程度足够了，他们才能忍受并真正爱上自我实现、人格完满的女人。然而，如果没有这样的女人，那么任何男人都不可能达到自我完善的境界——从原则上来说是这样。所以说，足够强的男人和足够强的女人，这二者之间是一种互相依存的关系。与此同时，男人和女人之间也有一种互相成就的因果关系，女人能成就男人，男人也能成就女人。当然，男人和女人之间还有一种互相回馈的关系，一个好男人得到的女人也会是好的，他也配得上得到一个好女人。

综上所述，同样健康的初级过程和次级过程，或者换个说法，同样健康的梦想和理性，这二者要互相依存，共同进步，这样才能最终实现真正意义上的整合。

08 | 行为与动机

人的行为是由多种动机决定的

对于特定的行为来说，需求并不是唯一的决定性因素。关于这一点，从任何一种看似是由生理动机驱动的行为中，我们都能找到证据来证明，比如吃饭和性行为等。很早以前，临床心理学家就发现，任何一种行为都是多种冲动的释放途径。也就是说，大部分行为都是由多种原因共同驱动的。

从动机的决定性因素这个角度来说，任何一种行为都是由多种需求或全部需求决定的，由单一需求决定的情况似乎只是个例。比如吃饭这种行为，它有一部分是为了填饱肚子，也有一部分是为了满足别的需求。又比如性行为，它不单纯是为了释放性冲动，也可能是为了确认自身的男性气质，或者满足自己对征服、力量、某种基本情感的渴望。

特征心理学的观点是，某种特定的行为只有一个特征，或者一个动机。就拿攻击行为来说，它归根结底就只有一种特征，即攻击性。这种观点有些肤浅，我想在此表明一个与之完全相反的观点，那就是通过分析一个人的特定行为，并从中发现这种行为，其实想表达的是生理需求，或者安全需求、爱的需求、自尊需求、自我实现的需求，这是有可能的，至少在理论上是有可能的。基本需求并不是决定所有行为的唯一因素，我们甚至可以这样说，行为未必都是有动机的，任何行为都是如此。

能决定一种行为的，除了动机以外，还有很多其他因素，比如我们说的外界环境——它在其他决定性因素中是比较重要的一项。以下情况至少在理论上是有可能的：行为全都是由外界环境决定的，甚至只由某一种外界刺激决定。这方面的例子，有关于事物的不同看法之间的联想，还有某些条件反射。一提到"桌子"，我们马上就会想，桌子是什么样的，可能还会联想到椅子。很明显，我们的这种反应跟基本需求无关。

此外，对于与基本需求的关联程度或动机程度的问题，我们也要再次予以关注。有些行为是由深层动机驱动的，而有些行为则是由浅层动机驱动的，更有甚者，还有些行为根本就不是由动机驱动的。但是，所有行为都有一个共同点，那就是，它们都是明确的。

还有一点比较重要。从本质上来说，表达性行为和处置性行为，这二者是完全不同的。表达性行为只是一种人格上的表现，并不表明一个人正在尽力做什么。比如一个人看起来很笨，这是因为他这个人本身就这样，而不是因为他想这样，或者有什么动机驱使他这样。我说话时用的是男低音，而不是男高音或女高音，这其中的原因也跟前面所说的一样。很多行为都是表达性的，而非功能性的。比如健康孩子的一些随意的行为，还有那些生活幸福的人，即便在身边没有人的时候，他们仍面带微笑，走路时挺胸抬头、步履轻盈。此外，每个人有动机的行为和无动机的行为，都带有个人特色。很多时候，这种个人特色是出于表达的目的。

此时，我们可能会产生一个疑问：所有行为都是为了表达性格吗？答案是否定的。出于表达目的的行为，有固定化的、自动化的、习惯性的、跟随大多数的行为，还有大部分的刺激反射行为。

最后要着重指出的是，行为的表达与行为趋向的目标，这二者并不是互斥的。通常情况下，行为既是表达，又是趋向的目标。

宣泄和释放的合理性

一般情况下，应对行为具有工具的性质，它是达成有动机的目标的一种手段。反之，除了放弃应对，也就是上述情况中的一个特例以外，所有的"手段–目标"行为，都一定是应对行为。从另一个方面来看，不管是什么形式的表达行为，都可以被归结为以下两种类型：一种是表达行为与目标或手段无关，比如每个人都有其独特的笔迹；另一种是表达行为与一种本身就是目标的行为相近，比如散步、唱歌、画画、弹钢琴等。

最纯粹的表达形式是无意识的，或者至少可以说，并不是完全有意识的。一般情况下，我们不会发现自己站着、走路、微笑、放声大笑这些行为跟别人有什么不一样。当然，我们可以从照片、影像、模仿中有所发现。但是，这些情况都只是特例，至少不是具有代表性的。像挑选服装、家具、发型这些有意识的表达行为，都可以被看成是特殊的、不常见的、过渡性的。但是，几乎所有应对行为都完全是有意识的。即便有无意识的应对行为，那也会被看成是特例，或者不常见的情况。

还有一种特殊的行为，它被列维称为释放行为。这种行为虽然几乎都是表达性的，但对人来说，它是有作用的，甚至可以说，它对人有种故意的作用。列维所说的那些行为都是需要技巧的，与之相比，还是另一些行为更具代表性，比如咒骂自己，或者与之类似的泄私愤的行为。可以肯定的是，咒骂也是表达，它是人的某种状态的体现。从一般意义，也就是满足某种基本需求这个意义上来说，咒骂虽然也能带来满足，但那是另一种意义上的，所以它不算是应对行为。作为一种副产物，咒骂好像改变了人自身的状态。

也许从总体上来看，所有这类行为都可以被这样定义，即让人产生更舒适的感觉，也就是变得不那么紧张了。通过以下几种方式，可以达到这个目的：其一，完成未完成的行动；其二，利用一种能造成消耗的运动来表达，把内心积蓄的敌意、焦虑、兴奋、快乐、狂喜、爱意，或者其他让人感到紧张的情绪释放出去；其三，健康的人放肆地去做一些简单的事。还有两种行为也是这样，一种是对自己坦白，另一种是保密。

根据布洛伊尔^①和弗洛伊德最早的定义，从本质上来看，很可能的情况是，宣泄是一种复杂得多的释放行为。它也是一种表达行为，表达的是遇到障碍的、没有完成的行动。这种表达行为是自由的，从特定的意义上来说，它也是满足性的。这种表达是所有遇到阻碍的行为都需要的。单纯的悔过和揭开秘密，好像也是这样。甚至可能连完全的、像精神分析那样的洞见（只要我们的认识是足够充分的），也与这种释放或补偿行为相符。

以上这些持续性的行为可以分为两类，一类是应对威胁的反应，另一类是单纯的补足行为，补足的是没有完成的行动或一整套的行为。在这个过程中并不存在情绪倾向。这类行为也许是颇有益处的。与前一类相关的，是威胁和需求（部分需求或神经症需求）的满足，所以它们全都在动机理

---

①约瑟夫·布洛伊尔（Josef Breuer, 1842—1925），奥地利医师、生理学家、神经病理学家。曾与弗洛伊德共事。——译注

论的范围之内。后一类也许是观念运动①现象，与之密切相关的，是像血糖值、肾上腺素值、自动唤醒、反射倾向等这些生理或神经上的变化。所以，对于一个小男孩通过跳来跳去来追求刺激这种行为，我们要想理解的话，就要考虑生理状态的运动表达这项原则，而不是去考虑他的动机。表演、伪装自己、隐瞒自己的本性，这些行为肯定也会带来紧张的感受，就像当间谍一样。对自己坦白、顺应自然，这些肯定会让人感觉更舒服，诚实、松弛感、没有罪恶感，这些也一样。

---

①观念运动：心理学术语，指的是在大脑中的观念意图的基础之上，在观念的引导下，为实现某个特定目标而做出的特定动作。换句话说，就是先有意图，后有动作。比如，在一条线的一端系一个铅锤，用手捏住线的另一端，让铅锤下垂后保持静止。这时，你闭上眼睛，在脑子里想象着铅锤在做钟摆运动。用不了多久，铅锤就真的像钟摆那样摆动起来了。——译注

重复和完成行为是为了应对

　　属于重复现象的例子，有创伤性神经症患者经常会遇到
"鬼压床"、内心不安的大人或孩子经常做噩梦、孩子总
是陷入最让他感到惊恐的事情中无法自拔、抽搐、举行某种
仪式、一些有象征意义的行为、解离行为①、神经症患者的
"行动化"等。以上这些情况都应该被特别诠释②。

　　在弗洛伊德看来，以上现象能帮助他验证自己的一些
最基本的理论，所以，做出那些诠释是非常有必要的。在

---

　　①解离行为：也称分离行为，常见的表现有做白日梦、精神恍惚、走神、忘
了自己是谁等。——译注

　　②虽然一般意义上的象征主义问题很有魅力，也很恰当，但是在这里，我们
先不去探讨它，而只探讨有象征意义的行为。除了我们这里提到的几种类型的梦
以外，梦还有另外两种类型，一种是应对性的梦，比如简单的心愿满足；另一种
是表达性的梦，比如不安的梦和投射的梦。后一种梦在理论上应该可以被当成投
射测验，或者表达测验。通过这些测验，我们可以判断人的性格结构。——原注

这个问题上，近来的学者们也提出了一些可能性，这些学者包括费尼切尔（Fenichel）、库比（Kubie）、卡萨尼（Kasanin）。在他们看来，这些行为是一种反复的努力，就是想尽力去解决一个基本无法解决的问题。这种努力偶尔会成功，但大多数时候是失败的。这就像是一个能力不够、陷入绝望之中的拳击手那样，他屡次起身，却又屡次被打倒。简单来说，这种行为就是，为了解决某个问题，一个人在极力坚持着，但这种坚持却是近乎无望的。所以我们认为，这种行为也必须被视为应对行为，或者至少被视为一种试探性的应对行为。所以说，这种行为并不是简单的补足、宣泄、释放，因为简单的补足、宣泄、释放，只是把之前没有完成的行为给完成了，或者把之前没有解决的问题给解决掉了。

如果一个孩子听到的故事总是跟狼有关的，那么在他游戏、谈话、提问、讲故事、画画时，就会反复提到跟"狼"有关的问题。这种情况的戒断，需要在"去敏感化"的过程中进行。重复代表着熟悉、宣泄、释放、修通、停止应急反应、建立防御、尝试通过多种技术手段去进行全面控制、把成功的技术手段付诸实践等，这些都是"去敏感化"过程得以顺利进行的原因。可以说，当引起重复行为的原因不复存在时，强迫性的重复行为也不复存在了。可是，有些重复性的行为仍然存在。这时候，为全面控制而付出的努力好像都是白费工夫。对于这种情况，我们该怎样去理解呢？

对于内心不安的人来说，淡定地接受失败，这显然是不可能做到的。虽然没有任何意义，但这种人还是会去屡次尝试。在这里，我们要提及奥夫相基娜①和蔡格尼克②所做的实验，她们的实验是关于完成未完成的工作的，或者说，是关于解决未解决的问题的。近期的研究结果表明，这种倾向只在以下情况中出现，即对人格产生重大威胁时。这时候，失败代表着失去安全感或尊严。把与上述实验类似的限制条件添加到我们的论点中，这样看起来就合理了。总结起来就是，当人的某种需求面临威胁，当人没办法顺利解决问题

---

①玛利亚·里克斯·奥夫相基娜（Maria Rickers-Ovsiankina，1898-1993），俄罗斯裔、德国裔美国女心理学家。她提出了著名的"奥夫相基娜效应"，该效应是指，如果一个动作因被打断而未能完成，那么该动作将会重复出现。就算在没有激励的情况下，被打断的动作也会闯入头脑之中，以一种"准需求"的形式存在。在这种状态下，人会时刻打算完成之前没有完成的动作。在这样的冲突之下，人容易陷入认知失调。——译注

②布尔玛·沃夫娜·蔡格尼克（Bluma Wulfovna Zeigarnik，1901-1988），苏联女心理学家、精神病专家，曾留学于德国。她创立了一个独立的学科，即实验性精神病理学。此外，她还发现了"蔡格尼克效应"。该效应指的是，人有一种与生俱来的驱动力，在这种驱动力的驱使之下，人在做事时会有"一旦开始了，就要完成"的表现。事情完成了，想要完成的动机也就得到了满足，所以人会把已完成的事情忘掉。如果事情还没完成，那么人就会牢牢记住那个想要完成的动机。——译注

时，就会一直出现重复行为，或者说，不成功的应对行为。

　　属于"表达性补足"或"简单的行为补足"这个范围内的，有宣泄和释放行为，可能也有停不下来的运动、兴奋表达以及普通的观念运动倾向。属于这种"重复性应对"的，甚至对人有利的情况，可能还有未消除的受侵犯感或受辱感、出于无意识的羡慕或嫉妒、对自卑感所做的持续性的弥补、因为潜在的同性恋倾向而被迫且长期地进行滥交、其他的为了解除威胁而白费工夫等。我们甚至可以把神经症本身也纳入这个范围之内，只要在概念上做出恰当的修正即可。

实现内在价值是一种超越性动机

当我们给人或人性下定义时，一定不能忽略内在价值这部分。少了它，人或人性的定义就是不完整的。对于真实的自我、身份认同、真实的人，如果想给它们最深刻、最真实、最基本的方面做出定义，我们就会发现，这些定义一定要把各个方面都包含在内，比如一个人的身体素质和他的个人气质——这两方面与解剖学、生理学、神经学以及分泌学有关。此外，还要想到以下几方面，如他的能力、他在生物学意义上属于什么类型、他最基础的本能需求以及他的存在价值（也可以说是内在价值）。

在一个人的本性、定义或本质中，都有个人的存在价值这部分。这部分与个人的低级需求同时存在。至少对于我们测试的那些自我实现者来说，上述结论是成立的。在所有关于人类、完满人性或一个人的最终定义中，存在价值都是不可或缺的一部分。虽然在大部分人身上，存在价值并没有得到突出的体现，或者没有达到实现，但据我目前发现的情况来看，其实每个人身上都有存在价值，只不过那些存在价值是以潜能的形式存在的。当然，这只是一个假设，将来的某些实验数据可能会与这个假设相冲突。到那时，人们也许会给出更完美的定义，或构建出更好的模型，比如对于一个智力偏低的人，"自我实现"这个定义该怎么下呢？但不管怎样，我还是坚持认为，至少对于一部分人来说，上述假设是成立的。

内在价值这个价值系统，应该被涵盖在关于充分发展的自我或个人的完整定义当中。受这种价值影响时，人是受超越性动机驱使的。所谓超越性动机，指的是当基本需求得到适当的满足时，渴望自我实现的，或更为成熟、更趋近于完满的人，会以新的方式去鼓励自己继续前进，这种新的方式比之前的要高级。

从性质上来看，这些内在价值与本能很相像，其作用包括防止疾病，也包括达到完满人性或实现个人成长。这里所说的疾病，其致病原因是内在价值或超越性需求被强行夺走——这也许可以被叫作超越性病态。所以说，关于最高价值、灵性生活以及人类最高志向的这些科学研究，它们是正确的、符合需要的，也都在自然界的范畴之内。

我认为，基本满足是本能性的，或生物学上必不可少的。这个观点有很多依据作为支撑。不过最主要的原因是，想要防止疾病，防止人性萎缩，人的需求就应该得到基本的满足。往好的地方看，这样做是为了继续向前、向上，以期达到自我实现或完满人性。我深信，对于自我实现者的超越性动机来说，运用上面的逻辑也是可行的。就像生物学上必需的东西那样，超越性动机也能防止疾病，使我们达到完满人性。这些超越性动机属于内在的存在价值（它可以是单个的价值，也可以被视为一个整体），因此，从本质上来说，存在价值与本能大致相似。

09 | 人性的完满与病态

完满人性

"完整的人"是一个熔接词。熔接词是我暂时引入的概念，它代表事实与价值的熔合与联结，既具规范性，又具描述性。

下面我们来深入地探讨"完整的人"。与"自我实现"这个概念相比，"完整的人"这个熔接词更客观、更规范，描述性也更强。之所以用熔接词，是为了摆脱一开始那种只依靠直觉的方式，转而走上更确定可信的道路，以期被外界所接纳，在科学和理论的研究上发挥更大的作用。

我的这种想法得益于罗伯特·哈特曼（Robert Hartman）的启发。15年前，他在自己的价值论著作中给出了一个关于"善"的定义。他认为，"善"指的是一个对象完成自身定义或概念的程度如何。在他的启发下，我开始思考，或许在研究当中，我也可以把人性这个概念量化。就拿完满人性来说吧，我可以把它分成抽象的能力、语言符合规范的能力、爱的能力、有特定价值观、超越自身的能力等类别。

其实有必要的话，也可以把这种全面分类的定义做一份列表。这也许会让我们感到惊讶，但不可否认的是，它作用显著。能让相关的科学家在理论描述中理解它，这就可以了。完满人性这个概念，具备描述性，可以被量化，同时也不失规范性。比如我们可以说，与那个人相比，这个人更接近完满人性。或者更进一步，我们可以说，跟那个人相比，这个人更有人性。

正如前面所说，完满人性是一个熔接词；它与个人的希望、喜好、个性、神经症都没有关系，是真正意义上的客观表述；我有下意识的渴望，有恐惧，有焦虑，想从心理健康的概念中去除这些东西很难，但如果从完满人性这个概念中去除它们的话，会简单些。

如果你研究过心理健康的概念，就会发现有一件事的吸引力很大，那就是把自身的价值观反映出来，并把它变成对自身的表述，比如你希望自己怎样，或者你觉得别人应该怎样。在探索的过程中，你需要持续不断地抗争。保持客观并非没有可能，但难度很大。你可能认为自己是客观的，但也并非毫无疑虑。比如在选样时出差错，你有过这种经历，对吧？在研究对象的选择上，如果你凭借的是自身的判定和诊断，那出错的可能性就高。相对而言，还是根据客观标准来选样更可靠些。

与用单纯的规范词相比，还是用熔接词更科学，这显而易见。此外，用熔接词还能防止我们陷入一种更大的误区——认为科学是没有价值观的、不规范的、与人无关的。有了熔接这个概念，再加上熔接词，我们的研究才能步入正轨，以现象学和经验为起点，走向更准确、更有效、更具传播性、更能让别人接受的道路，而这正是我们的目的。

成熟的、进化的、发展的、效用得到充分显示的、优美的、发育受到阻碍的、有缺失的、愚笨的……诸如此类的词汇，都是显而易见的熔接词。此外还有很多词汇，它们也同时具备规范性和描述性，只是特征没那么鲜明。

也许某天，更单纯的描述性词汇和规范性词汇，会被人们视作外围的、特殊的。到那时，熔接词会成为研究的模型和重心，被纳入人本主义世界观的范围之内。对此，我有信心。目前，人本主义世界观正以很快的速度汇聚，形成一种成体系的样子[①]。

由于这些概念完全在心理层面之外，所以像意识的性质和主观上的能力，如品味音乐、冥想、深入思考、对内心呐喊的敏锐察觉，诸如此类的东西无法被尽数表达出来。个人的社交能力和实际能力很重要，而个人的内心和谐，其重要性可能与上述能力是同等的。不过，若想让理论更精细化，让研究更具战略性，还是做一份关于人性构成需要哪些能力的列表更客观、更可被量化，比只用概念要好。

还有一点需要补充说明，上述任何一个模型都不与医学上的模型相斥。因此，我们无须用一分为二的方式去对待它们。患了医学上的疾病，人会变弱，同样的道理，在人性由多到少这个连续系统上看，疾病也会使人性减少。虽然对于脂肪瘤、细菌侵入、癌症等疾病来说，医学的疾病模型必不可少，但对于神经症、性格学或精神失调来说，还需要用到更多东西，这一点确定无疑。

[①]在我看来，跟"社会胜任""人的效能"这类概念相比，还是"人性度"这个说法效力更强。——原注

人性萎缩

虽然目前看来，"心理健康"和"心理疾病"这些概念还有使用的必要性，但站在科学目的这个角度来看，其中还存在着很多原有的不足之处。目前，我们还可以沿用这些术语，而且为了启发思考，我们也必须如此，但我可以肯定，顶多再过10年，这些术语就会成为过去式。与之相比，还是我所说的"自我实现"这种表达方式更合适。自我实现这个概念，更侧重于指出"完满人性"，也就是人的生物本性的发展。所以，从实证角度来看，对于整个人类物种的标准来说，它更为适用。它也不受特定时间和地点的限制，换句话说，它有着更低的文化相对性。

用"完满人性"取代"心理健康"，会导致我们在探讨相关问题时抛弃"神经症"这种不再流行的说法，转而使用

"人性萎缩"的说法。此处有一个概念非常重要，那就是人类能力和可能性的丧失或有待实现。该问题同样与程度和数量有关，这一点显而易见。除此之外，相较于焦虑、强迫症或压抑等问题，对它的相关研究显得更简单了，因为上述方法更趋近于能从外部对它进行观察，也使它更趋近于外部表露行为。

这样一来，标准精神病学范围内的所有问题，就都可以被并入相同的连续系统当中了。这里所说的标准神经学范围内的所有问题，包括贫困、剥削、不恰当的教育、奴役等发育受到阻碍、不健全、受压制、有经济特权的人身上存在的价值病态、存在性紊乱、性格紊乱等。除此之外，还有很多萎缩问题也可以得到妥善解决，如吸毒、精神上的病态、专制主义、犯罪，还有像脑瘤这种不能在相同的医学意义上被叫作"疾病"的问题等。

对于医学模式而言，这种变化是根源性的，同时也是缓慢的、迟到的。时至今日，"神经症是神经系统疾病"这种说法应该被彻底舍弃了。如果采用"心理疾病"这种说法，那么神经症就会和溃疡、损伤、细菌感染、骨折、肿瘤一起，被并入同一领域内进行讨论。可是我们目前已经搞清楚了，最恰当的方式是假设某些问题与神经症相关。这里所说的某些问题，包括神经紊乱、失去意义、对生活的目标起疑心、失恋的难过和气愤、感觉未来没有希望、讨厌自己、感觉自己在虚度光阴、丧失快乐的可能性、丧失爱的可能性等。

上述种种与神经症相关的问题，意味着远离完满人性，意味着盛放的人生花朵的凋谢。那些问题也意味着失去，这种失去包括人的可能性、过去拥有的以及未来可能会有的。在这种心理病源学的研究范围内，社会的、经济的、政治的、教育的、哲学的、价值论以及家庭决定因素，这些方面所起到的作用格外显著，与之相比，物理、化学方面的卫生和预防措施，它们所起到的作用可以说是微乎其微。

很明显，神经症实际上是个人成长失败。那是一个人在生物学角度原本可以达到，但实际上并未达到的目标。更进一步地说，一个人本应达到的目标，就是在成长和发展过程中没有遇到阻碍的情况下，他可以达到的目标。

人性萎缩，就是失去了人性的可能性，失去了个人的可能性。不管是世界的广阔程度，还是意识和能力，都受到了限制。人性萎缩的例子包括：面对大量听众时，杰出的钢琴家无法正常弹奏；患有恐怖症的人，强迫自己不去高的地方和人多的地方；无法学习、睡觉、大量进食的人，就像盲人一样，能力弱化了；认知上的缺失；愉悦和狂喜的缺失；无法让自己松弛下来；意志低迷；害怕负责任。

萎缩分为两种情况，一种是不可逆转的，另一种是可逆转的。举例来说，与疯狂的妄想者相比，友善的、惹人喜爱的癔症者，他们好转的可能性要大得多。不可逆转的萎缩是极为罕见的。至于可逆转的萎缩，比较常见的情况是，只要满足需求，问题就迎刃而解了。在孩子身上，这种现象尤为明显。一个爱的需求从未得到满足的孩子，他最需要的对待方式，就是被爱到极致，使他整个人都沐浴在爱意之中。

虽然没有具体数据，但根据临床情况和经验，我推测，以上方式是可行的。同理，对于没有价值感的情况，我们也可以利用尊重去与之对抗，这种方法效果奇佳。根据以上情况，我们可以得出一个显而易见的结论：如果我们认为"健康和疾病"这样的说法已经落后了，那么像"治疗""治愈""治疗专家"这样的说法，也一定要被取消。

强迫症是怎么回事

有强迫性神经症的人总是刻板、紧张、压抑的，没办法好好去玩。因为他们常常想方设法地控制自己的情绪，所以在某些极端案例中，他们给人的印象是冷血的。他们多数时候是有条理的、节制的、整洁的、遵守时间的。他们能成为杰出人才，但在某些极端情况下，他们身上的强迫症会显现出病态——这就需要去看心理医生或精神科医生了。

用心理动力学术语概括来说，有强迫症的人是"明显分裂的"。他们明显分裂的程度要比别人严重。他们的分裂有两种，一种产生于意识内和意识外或压抑部分之间，另一种产生于已知的自己和潜藏的自己之间。当逐渐了解他们为什么如此压抑时，我们会发现，其实在同种情况下，我们也一样会感到压抑，只不过不会那么严重。

有强迫症的人只能如此，他只有一条路，除此之外，没有别的选择。只有通过这种有条理、做出预测、有掌控感的方式，他才能感到安全、有秩序、不焦虑、没有危机。这些特定的方式是他达成目的的手段。对他来说，"新"意味着威胁。他会把新情况归入以往的经验当中，会让不断变化的世界固定在某个时刻，换句话说，他装作什么变化都没有的样子。这样一来，新情况就不会出现了。如果有些制度和习惯是经过长久验证的，有些调节模式是过去和未来都可用的，那么以它们为证据支撑，他在面对以后的生活时就会有安全感，不会产生焦虑。

他一定要这样做的原因是什么？让他感到惧怕的是什么？用心理动力学的术语来说，让他感到惧怕的，是他的情绪，是他心底的本能冲动，即深层的自我，而这些都是他竭力想去压制住的。他这样做是迫不得已，因为如若不然，他会疯掉。他的内心演绎着恐惧与防御交战的戏码，然而他倾向于把它视为普遍现象，把它投射到整个世界。随后，在对待世界时，他也采取同样的方式。他真正想要消除的危险来自内部世界，然而，他却在外部世界对抗这些危险——凡是让他想到这些危险的事物，或者像这些危险的事物，一经发现，他就去与之对抗。为了对抗自己内心无序的冲动，他选择让自己变得更为有序。当外部世界处于无序状态时，他就会注意到或者不得不注意到自己的内心有反抗压抑的冲动，这让他感到不安全。只要是危及掌控感的、令潜在的危险冲动加强的，令防御松动的，不管那是什么，他都会产生恐惧感和危机感。在此期间，他丧失了很多东西。当然，他也能达到一种平衡。他在精神上不至于崩溃，他依然能很好地生活，掌控事态的发展。但是为了取得这种掌控权，他得费神费力，光是这一件事就已经使他非常疲累了。他可以勉强活下去，但这种生活是依靠特定方式才得以维持下去的。这种方式就是，让自己远离无意识中不安全的部分，远离无意识的自我或真实的自我。他所接受的方式使他认为这些都是不安全的，他一定要把所有无意识的东西都拦在外面。

有这样一则寓言，里面说，古时候有个暴君，他被一个人羞辱了，于是他下令抓捕那个人。当得知那个人被围困在一座小镇中时，为了不让那个人跑掉，他下达了屠城的命令。在行事作风上，有强迫症的人和那个暴君，二者有相似之处。有强迫症的人不想让无意识中不安全的部分跑出来，为此，他杜绝所有无意识的事物。

现在，我要引进一个观点：我们拥有欢笑、玩乐、悠闲、舒适、想象力、自发性，这些结果其实都是以下这些东西带来的，它们是无意识，是深层的自我，是部分的自我——对于这部分自我，我们心存畏惧的同时也采取控制措施。

需要强调的重点是，在此过程中，我们获得了创造性。创造性是一种智力上的游戏。在创造性的世界中，很多行为都是能被接纳的，比如做自己、幻想、松弛、在暗地里疯狂——在刚开始的时候，所有真正新奇的想法都是看似疯狂的。有强迫症的人舍弃了很多东西，比如自身的初级创造性、可能拥有的艺术特质、诗情画意、幻想以及所有健康的童真。

精神分析领域所说的"初级过程"和"次级过程"，这二者是迥然不同的。次级过程需要人们具备清楚的逻辑、远见的卓识、现实的处事态度。次级过程不能脱离初级过程，否则这对它们双方来说都是不利的。一个在理性上有强迫症的人，在感情世界中，他根本就没办法活下去。在他看来，爱情是不符合逻辑的，所以对于自己是否拥有爱情这件事，他无法确定。纵情欢笑也是不符合逻辑的、不应该的，所以他拒绝那么做。当一个人身上发生这种分裂时，他的理性就是病态的，他的初级过程也是病态的。

　　有强迫症的人少了很多生活趣味，不仅如此，在认知方面，他们也会变得盲目，这里所说的认知，包括对自身的认知，对别人的认知，以及对自然界的认知。

沟通障碍与人格分裂

我的几个主要观点是：人们在沟通过程中遇到的诸多障碍，是人的内部沟通出现障碍的附产物；在人与世界的互通过程中，起决定性作用的是二者在结构或形式上的相似性，即同构性；世界只能把人应该得到的，或者期望得到的东西传递给人；一个人自身的存在，基本上是其唯一能从世界中获得和给予世界的东西。就像利希滕贝格①对一部作品做出的评价那样，这种作品"就像一面镜子，假设有只类人猿去偷窥这面镜子，那么它看到的一定不会是一位使徒"。

所以说，对人格内部结构的研究是必不可少的基础。在

---

① 利希滕贝格（Lichtenberg：1742-1799），德国思想家、讽刺作家、政论家、物理学家、启蒙学者。康德、歌德、尼采、列夫·托尔斯泰等大师都非常尊崇他。——译注

此基础上，我们才能明白人能把什么传达给世界，世界能把什么传达给人。对于这一点，任何治疗师、艺术家、老师都能凭直觉了解，但他们应该做的是，让这件事变得更为清晰。

外部沟通困难与内部沟通困难，这二者有相似之处。通过上述课题，我们能得出的结论主要是：我们应该期望在人格的发展、融合衔接以及规避混乱的同时，我们与外界间的沟通能变得越来越顺畅，换句话说，我们对现实的看法变得越来越好。这样一来，人透彻观察事物的能力才会更强。就像尼采隐晦表达的观点那样，一个人唯有与他人不同，才能被他人所了解。

从本质上来说，关于内部沟通失败，有个例子最简单，那就是人格分裂。在人格分裂中，有种形式最为戏剧化，人们对它也最为熟悉，它就是多重人格。我研究过已知文献中的所有病例，其中有几个病例，我还与之有过直接联系。对于神游症和健忘症这些不太戏剧化的病症，我也顺便调查过。我认为我的这些研究具有广泛的适用性。我打算把这些研究当成一种初级的普通理论。这种理论可以让所有人内部的分裂问题显示出来，这对我们目前的研究是有助益的。

在我已知的所有案例中，正常的或者外显人格是羞涩、怯懦、安静、委婉的人当中，有很多都是女性。这些女性的思想非常传统，她们温顺、善良，甚至压抑自己，但她们这些表现的反面，是不够勇敢和容易被人利用。

在我已知的所有案例中，一个是闯入意识之中的人格，另一个是超出个人控制的意识，这二者是对立的、冲动的，而不是受控的；它们是自我放纵的，而不是自我控制的；它们是鲁莽无畏的，而不是羞涩怯懦的；它们是有违传统的、向往美好的、有好胜心的，而不是要求过严的、不够成熟的。

很明显，上面所说的现象也属于分裂的一种，只是没有那么极端。在每个人身上，我们都能发现它。它是一种内部冲突。我们成了调皮和幼稚的人，与此同时，我们也成了冷静、负责任、抑制冲动的人。我们成为上述所说的人格的程度，决定了我们减少分裂和趋向整合的程度。上面所说的，正是我们对多重人格进行治疗的目的：把两种人格保留下来，或者把三种人格全都保留下来，但要保证它们受意识或无意识的控制，达到良好的融合，或者达到整合。

与世界进行沟通时，每一例多重人格都有自己特有的方式。他们的各方面表现都有别于他人，这些表现包括说话的方式、写字的方式、放纵自己的方式、爱上别人的方式、选择朋友的方式。以我碰到的一个案例来说，一个人显示出"任性儿童"的人格时，他的字写得很大，很杂乱，不管是字迹，还是口头语的运用，都像孩子一样，而且我们总能从中发现一些拼写上的错误；当他显示出"克制自己、容易被人欺负"的人格时，他的字迹看起来则是工整的、传统的、一看就是成绩好的学生写的。对于读书和学习，其中一种人格表现得很有兴趣，但别的人格却表现得兴趣寥寥、耐性不足。如果让他们同时进行艺术创作的话，想必我们看到的作品会有很大差异。

我们这些不在案例当中的人也是如此。那些被我们自身隔断，并且驱赶到无疑是存在状态的部分，势必会影响我们的沟通、观点、行动。这里所说的沟通，指的是信息的接收和传递。想要证明上述结论并不难，证明的方法有两个，一个是投射测验，另一个是艺术上的表现。

从分裂到变态

我们因为恐惧或羞愧而产生的拒绝和压抑的那部分自我，它们并非不复存在了，而是隐藏起来了。很多时候，对于这些隐藏在人性中的部分，它们会如何影响我们未来的沟通，我们并未在意，或者说并未察觉到。感觉上，它们似乎并不属于我们。举例来说，我们经常觉得"是什么让我说这些话的呢？不知道。""在我身上发生什么事了？不知道。"

我认为，上述现象反映了表达同时具有两个方面：一方面，它是一种文化现象；另一方面，它是一种生理现象。即便是以在无形中改变的方式，我们也一定会探讨几个问题，比如人性中的本能因素，人性内部原有的层面，还有只能被文化压抑，但却不能被文化抹杀的部分——这部分会一直影响我们的表达，不管文化是怎样起作用的。对于人性来说，文化只是必要的因，而非充分的因。我们只能在一种文化氛围中才能学会说话，这一点是没错的。但在同一种文化氛围中，黑猩猩却没有学会说话，这一点也没错。之所以举这个例子，是因为我隐约觉得，对于沟通，我们只从社会学的角度去研究了，但从生物学的角度去研究，这方面我们做得还不够多。

人格内部的分裂是怎样影响我们与世界的沟通的？在探究这个问题时，我打算引用几个著名的病理案例作为辅助。之所以引用他们，是因为他们好像不符合普通规则，是特殊的。这里所说的普通规则，指的是在通常情况下，那些既健康又整合的人，他们在感知和表达方面也有出色的表现。关于这个结论，有许多临床和实验方面的证据能为之提供支撑。但在这个问题上，我们也不得不谨慎，因为还有特殊的情况。

患有精神分裂症的人，他的控制和防御在逐渐崩溃，或者已经崩溃了。这种人有返回自身内部世界的趋势，而这会扰乱他与别人和与世界的交往。当一个人害怕世界时，这个人与外界的沟通就会被阻隔或断开。这样一来，内部的冲动和呼声就会逐渐增强，探索现实的行动也会受到干扰，变得混乱。不过有时候，在某些部分，患有精神分裂症的人也能展示出优势。有人说，在给人解梦和发现别人被掩盖的冲动这种事情上，患有精神分裂症的人能表现出异于常人的敏感和尖锐。比如说，他能发现别人潜藏的同性恋冲动等。有这种表现的原因在于，他过分沉迷于不被允许的冲动和起始过程认知。

关于这个问题，我们还可以从另一个角度来看。一些顶尖的精神分裂症治疗师，他们本身就是精神分裂症患者。我们发现，很多地方都有这样的情况报告：患过病的人很适合护理病人，因为他们在这种事情上做得特别好，对疾病的情况也格外了解。究其原因，这就跟匿名戒酒会差不多。我有一些精神病专家朋友，目前，他们正在寻找一种加入其中的途径，以期从中获得更深的了解。他们正尝试通过LSD①或一种名为麦司卡林②的致幻剂，去短时间地体验患上精神病是什么样的。难道这就是人们常说的"想要成事，就得不惜以身犯险"吗？

---

①LSD：麦角酸二乙胺的简称。麦角酸二乙胺又称麦角二乙酰胺或麦角乙二胺，它无嗅、无色、无味，是一种强效的半人工致幻剂。——译注
②麦司卡林：又称三甲氧苯乙胺或仙人球毒碱，是一种强效的致幻剂。吸食它的人会有精神恍惚的表现，长期吸食的人容易患上迁延性精神病，以致攻击他人或自残、自杀。——译注

从上述那些具有变态人格，尤其是有"吸引力"型人格的人身上，我们能学到很多有用的东西。在外人看来，他们是无道德意识的，无羞耻心的，无愧疚感的，不爱别人的，控制力和自我控制力不足的。这样一来，他们做什么都行，只要自己喜欢。他们会成为造假者、行骗者、重婚者、卖淫者，或者成为不凭体力而凭歪门邪道去谋生的人。

因为自身存在欠缺，所以他们无法理解别人为什么会受到良心的谴责，为什么会后悔和怨恨，为什么会同情和可怜别人，为什么会愧疚和感到耻辱，为什么会有不掺杂私心的爱。因为你不是什么，所以你就没办法认识什么、明白什么。那种东西不能把它自身传达给你。早晚有一天，"你是什么"会进行自我传递，所以，精神变态者虽然一开始看起来毫无烦恼，开心自在，精神和智力都没有缺陷，但到最后，他们还是会被视为冷漠的、残酷的、可恶的、令人感到害怕的。

上述情况使我们又得到了一个新的例证。它表明，在病态中，存在着沟通的广泛隔断。但与此同时，在某些特殊的范围内，也存在着更强烈的敏锐和更高超的技巧。不管我们怎样谨慎地去掩盖和修饰，我们内部的精神变态因素都会被精神变态者觉察到。在这方面，精神变态者表现得格外敏感和尖锐。对于我们内心中的造假者、行骗者、谎话精、小偷等，精神变态者都能准确地认出来，并且使它们在生存中为己所用。他会说："面对一个诚实的人，你不可以进行欺骗。"这时候，他好像信心十足。在发现内心中的小偷这件事上，他认为自己有很强的能力，绝不会出错。当然，他的这种表现也说明，假如没有小偷的话，他也能看出来。这表明，至少在兴致盎然的观察者眼中，通过外貌和行为是可以看出一个人的。也就是说，那种东西在面对能理解和肯定它的人时，会把自身的信息传达给那个人。

理想遭到打击，可能陷入超越性病态

有些富有的年轻人选择过放浪的生活，造成他们身上这种超越性病态的原因有两方面，一方面是内在价值被强行夺走了，另一方面是理想遭到了打击。在他们看来，唯一驱使这个社会的，是低级的、动物性的或无知的需求。他们的这种看法是不对的。

我认为，富有的人，或者说低级需求已获得满足的人，他们身上的病态多半是内在价值没有获得满足造成的。换言之，很多有钱有势的、基本需求已获得很大程度满足的高中生，或者大学生，他们是因为理想遭到了打击，才会去做坏事的。在年轻人当中，发生这种情况的有很多。我有一个假设，年轻人做坏事的行为是两个方面共同作用的结果，一方面是对信仰的不懈追求，另一方面是对希望落空的愤恨。

我偶尔发现，有的年轻人陷入了极度的迷茫，或者彻底失去了希望，甚至对这类价值是否存在产生了疑问。理想遭到打击，偶尔陷入绝望，这自然是社会上风行的那些动机理论的作用的结果，而那些理论是愚昧的、局限的。如果把各种理论都抛开不谈，那么年轻人还有哪些可以追求的理想呢？

在19世纪，年轻人从正规的科学和心理学上得不到任何指导，他们多半只能依靠主流的动机理论去生存。在那些理论的指引下，他们只能走上失落或对当前社会愤愤不平的道路。对于全部的高级人类价值，弗洛伊德主义者的观点是用还原论[①]的思想去对待，但这种观点只体现在他们的著作中，而在实际的治疗当中，他们不一定会那么做。在他们看来，最深层次的、最真实的动机是具有威胁性的、很不干净的，而从本质上来说，最高的人类价值和最美好的品德，其实都是用来掩盖那些"深层次、幽暗、很不干净"的东西的，并不是它们真实的模样。

在这个问题上，社会科学家的总体表现也无法令人满意。在绝大部分的社会学家和人类学家眼中，正宗的信条还

---

①还原论：一种哲学思想，也称还原主义。它的具体思想是，为了便于理解和表述，可以先把复杂的系统、事物、现象拆分开，然后再把它们组合起来。——译注

是绝对的文化决定论①。该信条除了不承认内在的高级动机以外，还具有一种威胁性，就是不承认"人性"本身。

不管是东方的，还是西方的经济学家，他们大体上都奉行物质主义。在这里，我们必须严肃地指出，这种经济方面的"科学"，差不多都建立在根本就不对的人类需求和价值理论的基础之上，只不过在实际运用时比较有技巧。这方面的理论只认可低级需求或物质需求的存在。

年轻人怎能不感到失落和理想破灭呢？他们是在物质上和动物性的需求上获得满足了，但那些期望的快乐（这种期望不光源自理论家，也源自父母和老师、教授的生活常识，还有广告翻来覆去传输的灰色的假话）呢？他们并没有得到。所以他们只能感到失落，不然还能怎样？

至于永恒的真理，或者最后的真理，这种问题该怎样解决呢？大多数人认为，应该让严守规则的、遵从习惯和风俗的信仰组织去解决这种问题。然而，这种做法也是不承认高级人性的！事实上，它体现出的态度是，追求真理的年轻人一定不能从人性本身中找到真理。想要找到最终的真理，只能从与人无关的、与自然无关的起源上找。对于这种起源，

_____

①文化决定论：该理论的主要观点是，个体完全取决于其所属的文化。——译注

现在很多有头脑的年轻人已经根本就不相信，也不接纳了。

E.F.舒马赫①曾说，这种情况过度所导致的结果是，物质价值的地位逐渐上升。发展到最后，人渴望的灵性价值也始终无法得到满足。这样一来，文明将面临灾难。

我之所以把目光汇聚在年轻人"遭受打击的理想"上面，原因在于，这个话题是当前最受人们关注的。我确定，所有人身上的所有超越性病态，都是理想遭到打击造成的。

---

①E.F.舒马赫（Schumacher, E. F, 1911—1977），英籍德国人，著名经济学者、企业家，被后世人奉为"可持续发展的预言者"。——译注

10 | 人性的潜力是无限的

人有哪些基本天性

在所有人身上，都有一些最基本的天性。这些天性是似本能的、与生俱来的、已然确定的、自然的（明显是由遗传所决定的），而且显然有持续存在的倾向。

生物性只不过是决定自我的因素之一。由于这个问题太过复杂，我们无法对其进行简略的阐述。尽管如此，在这里，我们还是有必要探讨一些问题，如自我遗传、构成、早期获得的基础。不管怎样，这些都只属于原材料，而不属于完成品。除此之外，我们还要考虑到几个方面，如个人本身、重要的他人、外界环境的反应。

我认为，人最基本的天性主要包括：似本能的基本需求、能力、天赋、身体结构、生理或性格上的平衡、生产前和分娩时受到的损伤、出生时遭受的创伤。这些天性的具体表现是内心的偏好等。在人生初期形成的，还有防御机制、应对机制、生活方式、其他性格特征。至于应不应该把它们归入天性，目前还不能确定。在接触外界时，所有这些对生物起决定性作用的原材料都会快速成长，形成自我。与此同时，它们也开始与外界之间互相作用。

对生物起决定性作用的这些因素，并不是最终实现的，而是以潜能的形式存在的。它们的生命周期各不相同，所以，我们一定要站在发展的角度去观察。对它们起到实现、塑造、扼杀作用的，主要是心灵以外的决定性因素，比如文化、家庭、环境、教育等。在人生初期，这些漫无目的的冲动和倾向，通过社会刻板印象和后天偶然习得的联想，依附在客观事物（情感）上面。

任何一个人的天性都有跟其他人相同的特征，这些特征也被称为物种共有特征。与此同时，任何一个人的天性也都有自己的专属特征，这也被称为个体特异性。比如对爱的需求，这是所有人生来就有的，只是在某些情况下，这种需求也许会消失不见。但是，音乐上的天资，这是极个别人身上才有的，而且从音乐特色上来看，人和人之间的差异也非常明显，就像莫扎特和德彪西之间那样。

对于人类内心潜藏的更深层次的多种本质，我们的展现方式有两种，一种是迫于恐惧、否定、自我矛盾，而主动去进行压制，就像弗洛伊德所说的那样；另一种是忘掉、忽略、不去使用、不通过语言表达出来、任其受到压制，就像沙赫特①所说的那样。因此，人类内心潜藏的、更深层次的本质，有相当一部分是无意识的。除了弗洛伊德着重描述的冲动（驱动力、本能、需求）以外，无意识的部分还包括能力、情绪、判断、态度、定义、感知等。

主动压制要耗费很多精神和体力。我们可以利用否定或投射等手段来保持无意识。但是，那些被压抑的本质并不会因压抑而消失，它们还是能有效地决定我们的思想和行为。

---

①斯坦利·沙赫特（Stanley Schachter，1922–1997），美国社会心理学家，主要研究情绪和上瘾的问题。——译注

人性可能达到的高度被低估了

人类的本性中就蕴含着人类的最高价值，这一点还有待于我们去发现。这种观念与旧的传统观念形成了鲜明的对照。旧的传统观念认为，人类的最高价值只能从超自然的神身上获得，或者从人性自身之外的地方获得。

在人性这个命题中，一些理论和逻辑上的难点是切实存在的，对此，我们一定要坦然接受，并尽力去解决。在人性的定义之中，它所包含的各个部分，其本身也需要被下定义，在这些研究中，我们容易陷入循环论证。到目前为止，对于某些循环论证，我们只能被迫接受。

我们只能通过与某种人性标准相对照的方式，来为所谓的"好人"下定义。这种人性标准，基本上是一个程度上的问题。意思就是说，与另一些人相比，某些人是更有人性的，而"好人"则是特别有人性的。实际情况一定是这样的，因为人性具有很多定义上的特征，而所有这些特征都是人性的必要条件，但是单独任何一个条件，都不足以对人性起决定性作用。除此之外，就这些定义上的特征本身来说，其中也有相当一部分是程度上的问题，它们并没有彻底地、明确地对人和动物进行区分。

罗伯特·哈特曼曾说，一个好人能好到什么程度，这取决于他与"人"的概念的贴合程度。把人换成老虎或者苹果树，也是如此。对我们来说，他的这种陈述方式用处非常大。

为了研究人类这一物种的能力究竟能有多强，我提议讨论那些经过筛选的优良样本或者说高端样本，而且我也希望，那些样本最后能在生物学测定实验中发挥作用。对此，我可以列举出几个事例进行说明。

我在一次探查中发现，那些心理上健康或优异的自我实现的人，在认知和感知方面表现更佳。甚至在感觉方面，他们可能也表现更佳，假如在辨别色调的微小差异上，他们的反应更为灵敏，我也不会觉得稀奇。

我曾建立过一个可以成为上述"生物测定"实验的模型，该模型是一项实验，实验目前尚未结束。那时候，我准备测定的对象，是马上要进入布兰迪斯大学就读的全体新生。测试的手段包括精神病学访谈、投射测试、操作测试等，这些都是当时最先进的技术。测试的对象分为三类，分别是最健康的、中等的、最不健康的学生。从上述每一类学生中，我都抽取2%作为受试者。三组受试者都要接受一系列的感觉、知觉和认知测试，共计12项。这样做的目的是验证以往的发现，那些在临床上和人格学上的发现，即在感知现实的能力上，越健康的人，表现越佳。据我推测，上述发现会得到认同。当时，我准备对受试者进行持续的、终身的追踪，并希望通过这种探求，最终确定我们对健康的系统认识。像长寿、抵御身体和心理上的疾病的能力、抵御传染病的能力等，人在这些方面的表现如何，是很容易就能看明白的。

通过上述追踪研究，我们也希望能揭开一些无法预测的特点。从精神本质上来说，上述研究与刘易斯·特曼（Lewis Terman）的研究很接近。40年前，在加利福尼亚，特曼选中了一些智商很高的孩子，并对他们进行多方位的测试。时至今日，该测试仍在进行当中。总的来说，他的发现是，因智商高而被选为测试对象的孩子，他们在别的方面也有杰出的表现。特曼最终得出了一项重要结论，那就是人类的一切美好品质都是呈正相关的。

坦白说，我始终提倡的是"成长尖端统计学"。事实上，在植物生长的尖端，是遗传产生最大作用的位置。正如年轻人所说，"那里就是付诸行动的位置"。当提出"人类有能力做到什么"的问题时，我不愿面向全人类，而是宁可面向那些经过筛选的、为数不多的杰出的人。比如，对于"人类身高的极限是多少"这个问题，若想做出回答，把目标锁定在当前身高最高的人身上才是良策，这显而易见。想知道人类奔跑的速度究竟能有多快，集中研究那些曾经获得过奥运会金牌的运动员，要远好过从"较好的样本"中取一个平均数这种无用的做法。若想弄清楚人类精神成长、价值成长以及道德发展的可能性，把目标锁定在品德最高尚、最通晓伦理的或最神圣的人身上，这样才能取得最大的收获。对于我的这种观点，我的态度是坚定的。

综上所述，我认为，关于人性的问题，人类历史上的记录始终不够充足。事实上，对于人性最高能达到什么程度，人们的估计常常是偏低的。即便我们研究的对象是圣人，是过去那些卓越的领导人，面对这些"优良样本"时，人们往往觉得他们并不在人的范畴之内，而是一种超自然的生物。

人并不脆弱

一直以来，我都是谨小慎微地与人相处，把别人视为易碎的瓷器，每每以敏感和温柔去对待别人。戴托普村①发生的那些事情表明，我以往的态度可能都是不对的。锡南浓②的状况，还有我昨晚和今天下午的见闻，它们都表明，很多观点可能已经落伍了，比如把别人视为易碎的瓷器，为了避免伤害别人而不对他大声讲话，或者认为对一个人大喊大叫

①戴托普村：戴托普是从"DAYTOP"这个简称音译过来的。DAYTOP的全称是Drug Abuse Yield To Our Persuasion，意为"让药物滥用为我们的劝说让步"。戴托普村位于美国纽约州的斯塔滕岛，是锡南浓的一个分支。1965年8月14日，马斯洛来到这里，并与这里的人进行了谈话。这篇文章就是他根据这次谈话整编而成的。——译注

②锡南浓：美国一个自愿戒毒者聚集的社区，始建于1958年。在马斯洛写这篇文章时，锡南浓在心理治疗方面的探索还是引人注目的，但到20世纪70年代时，它已转变为邪教。——译注

会致使他哭闹、疯癫、自杀。

有个团体的假设是，人不是脆弱的，而是坚强的。这与一般人的认知截然相反。这个团体认为，人有着极强的承受能力。所以与他们相处时，不必谨小慎微，或者兜圈子，直接把关键问题指出来就好了。

我有个提议，我们不妨把这种方法称为"不说废话治疗法"。这种方法可以帮我们消除心理防御、躲避以及流于俗套的客气。很多时候，这些团体的成员是不接受掩饰的。他们揭开掩饰，不接受无聊的话，不接受借口，也不接受搪塞。我提出了一些问题，得到的回答是，这个团体的假设是可行的。有崩溃或自杀的情况发生吗？没有。面对粗暴的态度，有人疯掉了吗？没有。关于这一点，我在昨晚亲自证实了。那场谈话直接得不得了，结果也令人满意。

这个发现与我一直以来的训练是冲突的。对于我这种理论心理学家来说，这个情况特别重要，它能帮我搞清楚一个问题——从整体上来说，人性到底是什么样子的？它提出了一些真实的、与全体人类本性有关的问题，比如，人的坚强程度如何？人的最大承受限度如何？还有一个比较突出的问题，就是人能接受多大限度的坦诚？坦诚对人有什么样的益处和害处？这让我想到了艾略特①的诗句，"人类不能承受过多的真实"。他的意思是，人不能太直接地承受坦诚。然而，你们这里的经验表明，人类可以承受坦诚，不仅如此，坦诚还对人特别有好处，治疗效果也特别好。即便坦诚会触碰到人的痛点，这也不影响它加快事情进程的作用。

在一次午饭谈话期间，我产生了另一个想法。你们这个地方发生的所有事情，提出了这样一个问题：人的普遍需求都有什么？很多证据显示，人最基本的需求并不复杂，只有以下几种：其一，安全感和受保护的感觉，在年幼的时候能得到照顾，有安全的感觉；其二，归属感，感觉自己属于某个家庭、部落、民族，或者自己认为有权利加入的某个组织；其三，来自他人的爱，觉得自己有被爱的价值；其四，自尊和受尊重。只有这四种。

如果你提到心理健康、成熟和健康、成长和创造，觉得这些东西就像维生素一样，是某种心理上的营养物质，这也可以。如果这个假设是真的，那么大部分美国人就缺乏这些维生素。事实上，普通的美国人在世上并没有真正意义上的

---

①托马斯·斯特尔那斯·艾略特（Thomas Stearns Eliot, 1888-1965），英国诗人、剧作家、文学批评家，1948年诺贝尔文学奖获得者，代表作有《荒原》《四个四重奏》等。——译注

朋友。为了掩饰这一点，人们发明了许多游戏。那种心理学家认为的真正意义上的友情，只有极少一部分人才能拥有。婚姻状况也不太令人满意，它总是达不到理想的状态。对于嗜酒、吸毒、犯罪、无法抵御诱惑这些问题，你可以把它们归咎于基本的心理需求没有得到满足。问题是，我们需要的心理上的维生素，在戴托普村能找到吗？今早在这里散步时，我有种感觉，我认为能找到。

我们需要的心理上的维生素都有哪些，还记得吧？其一，安全感，不会感到焦虑和害怕；其二，归属感，你必须是某个团体的一分子；其三，要有爱你的人陪伴在侧；其四，尊重，你一定要在某种程度上获得他人的尊重。就因为戴托普村为这种感受的实现提供了环境，所以它才取得了成效，是不是这样呢？

这里的坦诚看似粗暴，但实际上，那根本不是羞辱，里面反倒有尊重的成分。对于自己见到的，你能采取接纳的态度，并且坚定地认为那就是事实。在此基础上，你才会获得尊重和友情。

关于这种坦诚，有位精神分析师也曾提到过。他说，"我的病人能承受什么程度的焦虑，我就给他制造什么程度的焦虑"。这话乍听起来好像有些蛮横、不讲道理，而且说这话的人好像也很冷酷。他的意思是，他会尽量给病人制造焦虑，只要不超过病人的承受上限。之所以这样做，是因为他制造的焦虑越多，疗愈的速度就越快。戴托普村的经验告诉我们，这位精神分析师的话好像也不是太不讲道理。

人性的常态

在提出"什么是常态"这个问题的时候，大部分人心里其实另有想法。对于大部分人来说，这其实是对于价值的提问。这里所说的大部分人，也包括不处于工作状态的专业人士在内。这个问题真正想要问的是：我们应该看重什么？什么对我们来说是好的？什么对我们来说是不好的？我们应该顾忌到什么？我们是因为什么而感到愧疚或友善的？

所谓的常态，是一整套概念或理论，它的发展虽然缓慢，但在方向上似乎是正确的。对于常态的发展趋势，我的预测是，我们会建立一种心理健康理论，这种理论对于人类这个物种具有广泛的适用性，并且不受任何人所处的文化环境和时代的影响。

与亚里士多德和斯宾诺莎相比，如今的我们对于真实人性的了解更为深刻。对于人性的偏差和不足之处，我们有着充分的了解，这种了解是不受任何情况影响的。亚里士多德认为，顺从真实的人性去生活，这就属于理想的生活了。对于这种观点，我们可以表示认同。但有一点我们必须指出来，那就是对于真实的人性，他了解得还不够深刻。在描述人性本质或人性的内部结构时，亚里士多德只把目光放在了周围的人身上。然而，如果像亚里士多德那样，只对人进行表面上的观察，那么我们最后能看到的，只是静态的人性。亚里士多德能做的，只是在自己身处的时代和文化环境中，对比较好的人类群体进行描绘。

在亚里士多德所构建的理想生活中，奴隶制度是被完全接纳的。这里面存在一个严重的错误，这个错误之处在于，如果认为一个人生来就是奴隶，那么这个人在本质上就是奴隶，所以对这个人来说，最好的结果就是当上奴隶。由此可见，亚里士多德的观察太过流于表面。他的理论的薄弱之处在于，试图创建一种表面特征系统，在这个系统当中的，都是好人、正常的人或健康的人。

什么是常态的本性呢？我们差不多把所有人类能达到的杰出品质都跟它关联起来了。但是，这种理想距离我们又没有那么遥远，也不是让我们望尘莫及的。事实正相反，在我们的内心就存在这种理想，只不过它藏得很深，不容易显露出来，它并非现实，而是一种潜能。

这种理想也是常态这个概念中的一个方面。它建立在经验的基础之上，而非希望的基础之上。它并不是人创造出来的。它代表着一套缜密的、自然主义的价值体系，随着人性研究的逐步深入，这套体系会越来越壮大。通过这样的研究，我们多半就能解答很多长久以来就存在的问题了，比如："我要想成为一个好人，该怎么做呢？""我要想过上幸福的生活，该怎么做呢？""我要想收获颇丰，该怎么做呢？""怎样才能快乐呢？""怎样才能保持心境平稳呢？"

生命体需要什么，它自会告诉我们。在此基础之上，它还会告诉我们，什么是有价值的。生命体会因这些价值被剥夺而感到不舒服或匮乏，这等于是告诉我们，对它最有益处的事物是什么。

最后要说的是，在新的心理动力学中，最主要的概念是自发性、释放性、自然性、自我选择、自我接纳、冲动意识、基本需求的满足。这些概念是由控制、抑制、纪律、培训、造就等概念演化而来的。控制等概念，它们所遵循的原则，是建立在这样一种基础之上的，即人性本恶、人生来就是喜欢抢夺的、人都是贪婪的。在这种观念下，教育、家庭培训、养育儿女、文化适应，这些都被看成是对我们内心黑暗力量的控制进度。

让我们来看一看，在以上所说的两种不同的人性观念下，社会、法律、教育、家庭的理想观念，会产生怎样的差异。在后面那种人性观念下，它们都是制约的力量；而在前面那种人性观念下，它们则是让人感到满足的①。不可否认，以上说法听起来太简单，也太二分化了。要说以上两种概念哪个是完全对的，哪个是完全错的，这都不太可能。但是，把不同的理想类型进行对比，这样做可以让我们对它们的感知增强。不管怎样，如果我们想要让"常态就是健康"这种观点立得住，那么就要扭转我们对个体心理的看法，此外，还要扭转目前的社会理论。

---

①在这里，我必须再次着重指出一点，制约分为两种情况，一种会阻碍基本需求的满足，并使人有所顾忌；另一种也被称为协调化控制，它指的是让基本需求的满足感更强烈，比如让性高潮延迟到来、仔细咀嚼食物、提高游泳技巧等。——原注

"自我实现"是怎样一种境界

在自我实现者身上，我们能发现这样一些共性：

1. 他们能更有效地感知自然世界，也能在与现实的相处中保持舒适。他们具有一种能看透虚伪、欺骗、隐瞒、不忠诚的非凡能力，而且能从整体上对一个人做出判断。在他们眼中，怀疑、试探、不确定、犹豫不决，这些并不是令人痛苦的，反而是令人愉悦的、很刺激的、富有挑战性的。

2. 对自我、自身的天性、他人、自然，都抱有接纳的态度。即便没有达到理想状态，也不会真的忧虑什么。

3. 行为简单、自然、自发。他们不会故意做作，也不会只贪图效果。但这并不表示，他们的行为总是出格的。

4. 目光往往汇聚在自身以外的问题上。换句话说，他们不是以自我为中心，而是以问题为中心。通常情况下，他们不会在自己身上寻找问题，也不会过分关注自己。

5. 从容淡定，能与他人保持适当的距离，有属于自己的秘密。即便在一些不堪的情况下，也能保持自身的尊严和体面。

6. 能够脱离文化和社会环境的束缚，有自主性，有意志力，积极向上。他们的动力源自成长性动机，而非匮乏性动机。他们的成长和发展，主要依靠的是自身的潜力和潜在的资源。即便遇到沉痛的打击、失败、匮乏、挫折等状况，他们也能保持相对的稳定。

7. 能长期保持自我更新，即使对别人眼中早已过时的事物，仍抱有强烈兴趣。

8. 经常能获得极其珍贵的神秘体验和高峰体验。

9. 有亲社会行为。虽然在极少数情况下，他们会对别人产生愤怒、讨厌、嫌弃的感觉，但绝大多数情况下，他们对别人还是认可、同情、亲近的。他们把所有人都视为家人，并且真心地想要去帮助别人。

10. 在处理人际关系时，他们的眼光往往更为透彻。他们更有善意，更博爱，更有认同感，更容易消除自我的界限。他们的朋友少而精，当然，能让他们产生浓厚爱意的人也是极少的。

11. 具有崇尚民主的性格结构。不管对方是什么阶级、什么信仰、什么民族、什么教育水平，只要性情相投，他们都能与之和谐相处，并且能在相处中保持低调和谦虚。

12. 很少陷入混乱、迷惑、自我矛盾和冲突、不分善恶是非这些状况当中。他们的道德标准非常明确，道德水平也非常高，而且行事妥当，很少出错。当然，很多时候，他们的善恶观不同于传统的善恶观。

13. 有风格独特的幽默感。他们的幽默感不但能给人带来欢乐，还能传达出深刻的哲学寓意。有时候，他们可能也会以自嘲的方式来展现幽默感，但这种自嘲并没有自我侮辱的意思，也并非消极的。

14. 具有各自不同的、特殊的创造能力。

15. 不完全受自身所处的文化环境和教化的束缚，内心超脱。

16. 自我实现者偶尔也会有无趣、焦虑、愤怒、失望、伤心、自私、自责、内心冲突等表现，毕竟这世上没有哪个人是完美无缺的。自我实现并不代表超越了所有的人类问题。我们一定不要对人性抱有完美的幻想，以免产生幻灭感。

从"人性"到"超人性"

重要的超越体验，不光自我实现者有过，非自我实现者和非健康者也有过。据我观察，超越的认知不只存在于自我实现者身上，也存在于有高度创造性的人、有才华的人、颇为聪慧的人、特别坚强的人、能力强且有责任心的领导者和管理者、善良的人、有道德的人身上，还存在于英雄般的人物身上——这些人物曾有过克服困难的经历，并因此变得越发顽强，而非越发软弱了。

在某种目前还不确定的程度上，超越型自我实现者，他们就是那种我所谓的"巅峰人物"，而不是那种"非巅峰人物"；他们是那种说"是"的人，而不是说"不"的人；他们是那种对生活心存希望、态度积极的人，而不是那种心生倦怠、态度消极的人。

　　超越者能更频繁地觉察出存在领域和存在认知；超越者处于存在的水准上，也就是说，他们主要追求的是目的或内在价值；显而易见的是，他们受超越性动机的驱使；很多时候，他们多少拥有统一意识和阿斯拉尼所说的"高原体验[①]"；他们获得过高峰体验，或者曾经获得过高峰体验，而且在此期间，他们能产生一些幻想，也能获得一些启迪或认知，从而使自己之前对世界和自身的看法发生转变，这种情况发生的频率可能极低，也可能很高。

　　公平地说，从整体上来看，那些只达到健康水平的自我

　　[①]高原体验：一种对于存在价值产生的平静的、不带有强烈情绪的、非自动的反应。这里的存在价值，指的是在奇迹一般的、令人感到敬畏的、神圣的、统一的情境下产生的存在价值。马斯洛对它的描述是："这种体验不再是突然间爆发的、短暂的、感性的、高潮式的，而是在经历时间、努力、修炼、奉献后，才能达到的一种心灵上的境界。在高原体验中，人可以从两种角度去审视生命，即现实角度和永恒角度，在平淡之中，也能获得超越的体验。高原体验与高峰体验的区别在于，在高峰体验中，情绪更为强烈，而在高原体验中，更多的是理性的认知；高峰体验可以在意外中获得，而高原体验需要主动去努力寻求才能获得；高峰体验是短暂的，而高原体验可以长时间延续。——译注

实现者，他们的生活层次达到了麦格雷戈①提出的Y理论②所期望的标准。然而，那些超越型的自我实现者，他们不但达到了Y理论所期望的标准，而且还实现了超越。为了便于阐述，我们可以说，他们的生活层次达到了Z理论所期望的标准。X理论③、Y理论、Z理论，这种理论共同构成了一个连续的层次体系。

超越型的自我实现者，他们与自我实现程度最高的人一样令人喜爱，不仅如此，他们还更超脱于凡俗、更令人尊重和敬畏、更神圣、更像中世纪的那种圣人的门徒，他们总是能让我联想到"伟人"。

站在理论的角度上来看，只达到健康水平的自我实现

---

①道格拉斯·麦格雷戈（Douglas M·Mc Gregor，1906-1964），美国行为学家、管理学家，于1957年提出了"X-Y理论"。——译注

②Y理论：麦格雷戈自己创建的管理学理论。该理论与X理论的观点截然相反，它倾向于"人性本善"，认为大部分人并不是生来就讨厌工作的。对于工作，大部分人不仅有认真负责的意愿，而且还有较强的想象力和创造性。企业若想达到预期目标，不光可以使用控制和惩罚的手段，还可以使用别的手段，比如满足员工爱的需求、尊重的需求、自我实现的需求，使员工与企业的目标达成一致，从而达到提高工作效率、完成企业目标的目的。——译注

③X理论：即麦格雷戈所指的传统管理学。它倾向于"人性本恶"，认为大部分人生来就是有惰性的，对于工作，大部分人的态度是能躲则躲。大部分人都是没有理想、害怕承担责任、把自身安全看得比什么都重的。所以在管理中，要用压力迫使员工服从，软的和硬的手段都要用上。——译注

者，他们更偏向于实用主义，而超越型的自我实现者，则更偏向于道家中所描述的状态。后者所具有的存在认知使其认为，万事万物都如同奇迹一样完美无缺，它们恰好就是它们该是的模样。正因万事万物本来就很好，无须加以改善，也无须去干涉，所以，对于万事万物，超越型的自我实现者往往只想关注，而很少想去插手。

在以下两类人群中，超越者的存在数量是相同的：一类是企业家、厂长、经理、教育工作者、从政者；另一类是全职的思想界人士、诗人、知识分子、音乐家以及其他被认为存在超越者的职业的从业者。很多人觉得这很不可思议，但我必须要说，事实就是如此。即便完全不知道超越是一种什么样的感觉，所有的教士还是会去议论超越。而对于理想主义、超越性动机、超越性经验，大部分厂长的做法是，想方设法地去掩饰和隐藏。他们一定要假装自己是坚定不移的、崇尚现实主义的、唯利是图的、极度自私的。然而这些伪装，只能让我们看出他们的浅薄和严重的心理防御。很多时候，他们真正的超越性动机只是暂时被压下去了，而不是彻底被遏制住了。在某些情况下，我们可以通过当面质问或询问的方式，来击破他们的表层防御，这很容易做到。